はじめに

Microsoft Excelは、やさしい操作性と優れた機能を兼ね備えた表計算ソフトです。
本書は、Excelの基本機能をマスターされている方を対象に、知っていると抜群に業務効率が上がる関数を厳選してわかりやすくご紹介しています。また、Excelの操作方法だけでなく、売上や取引などに関するビジネスに必須の基礎知識も習得できます。
本書は、経験豊富なインストラクターが、日頃のノウハウをもとに作成しており、講習会や授業の教材としてご利用いただくほか、自己学習の教材としても最適なテキストとなっております。
本書を通して、Excelの知識を深め、実務にいかしていただければ幸いです。

なお、基本機能の習得には、次のテキストをご利用ください。

●Excel 2019をお使いの方
　「よくわかる Microsoft Excel 2019 基礎」（FPT1813）
　「よくわかる Microsoft Excel 2019 応用」（FPT1814）

●Excel 2016をお使いの方
　「よくわかる Microsoft Excel 2016 基礎」（FPT1526）
　「よくわかる Microsoft Excel 2016 応用」（FPT1527）

●Excel 2013をお使いの方
　「よくわかる Microsoft Excel 2013 基礎」（FPT1517）
　「よくわかる Microsoft Excel 2013 応用」（FPT1518）

本書を購入される前に必ずご一読ください

本書は、2019年5月現在のExcel 2019（16.0.10343.20013）、Excel 2016（16.0.4549.1000）、Excel 2013（15.0.4823.1000）に基づいて解説しています。本書発行後のWindowsやOfficeのアップデートによって機能が更新された場合には、本書の記載のとおりに操作できなくなる可能性があります。あらかじめご了承のうえ、ご購入・ご利用ください。

2019年7月30日
FOM出版

◆Microsoft、Excel、Windowsは、米国Microsoft Corporationの米国およびその他の国における登録商標または商標です。
◆その他、記載されている会社および製品などの名称は、各社の登録商標または商標です。
◆本文中では、TMや®は省略しています。
◆本文中のスクリーンショットは、マイクロソフトの許可を得て使用しています。
◆本文およびデータファイルで題材として使用している個人名、団体名、商品名、ロゴ、連絡先、メールアドレス、場所、出来事などは、すべて架空のものです。実在するものとは一切関係ありません。
◆本書に掲載されているホームページは、2019年5月現在のもので、予告なく変更される可能性があります。

目次

■本書をご利用いただく前に -- **1**

■第1章　関数の基本--- **6**

Step1　関数とは ……………………………………………………………**7**
- ●1　関数とは ……………………………………………………… 7

Step2　関数を入力する ……………………………………………………**9**
- ●1　関数の入力方法 ……………………………………………… 9
- ●2　関数のネスト ………………………………………………… 12

Step3　関数の引数に名前を使用する ……………………………………**13**
- ●1　関数の引数に名前を使用 …………………………………… 13

■第2章　請求書の作成---**14**

Step1　請求書を確認する …………………………………………… **15**
- ●1　請求書の役割 ………………………………………………… 15
- ●2　請求書に記載する項目 ……………………………………… 17

Step2　事例と処理の流れを確認する …………………………… **19**
- ●1　事例 …………………………………………………………… 19
- ●2　処理の流れ …………………………………………………… 20

Step3　参照用の表を準備する …………………………………… **24**
- ●1　別ブックのシートのコピー ………………………………… 24

Step4　ユーザー定義の表示形式を設定する ………………… **27**
- ●1　ユーザー定義の表示形式 …………………………………… 27

Step5　連番を自動入力する ………………………………………… **30**
- ●1　連番の自動入力 ……………………………………………… 30

Step6　参照用の表からデータを検索する …………………… **33**
- ●1　顧客情報の参照 ……………………………………………… 33
- ●2　都道府県名と住所の連結 …………………………………… 42
- ●3　商品情報の参照 ……………………………………………… 44

Step7　総額を計算する ……………………………………………… **46**
- ●1　金額の算出 …………………………………………………… 46
- ●2　本体合計金額と割引後金額の算出 ………………………… 47
- ●3　消費税の算出 ………………………………………………… 49
- ●4　配送料の表示 ………………………………………………… 50
- ●5　総額の算出 …………………………………………………… 52

i

Step8	請求金額と支払期日を表示する	53
	●1 請求金額の表示	53
	●2 支払期日の入力	55

■第3章　売上データの集計 --56

Step1	事例と処理の流れを確認する	57
	●1 事例	57
	●2 処理の流れ	58
Step2	外部データを取り込む	62
	●1 外部データの活用	62
	●2 外部データの取り込み **2019**	63
	●3 外部データの取り込み **2016/2013**	66
Step3	商品別の売上集計表を作成する	71
	●1 商品別の合計	71
	●2 粗利率の算出	75
	●3 順位の表示	75
Step4	商品カテゴリー別の売上集計表を作成する	78
	●1 商品型番の分割	78
	●2 商品カテゴリー別の合計	82
Step5	商品カテゴリー・カラー別の売上集計表を作成する	85
	●1 商品カテゴリー・カラー別の合計	85

■第4章　顧客住所録の作成 ---88

Step1	事例と処理の流れを確認する	89
	●1 事例	89
	●2 処理の流れ	90
Step2	顧客名の表記を整える	93
	●1 顧客名の表記	93
Step3	郵便番号・電話番号の表記を整える	95
	●1 郵便番号の表記	95
	●2 電話番号の表記	97
Step4	担当者名の表記を整える	100
	●1 担当者名の表記	100
Step5	住所を分割する	102
	●1 都道府県名の取り出し	102
	●2 都道府県名以降の住所の取り出し	103

Step6	重複データを削除する	106
●1	重複データの表示	106
●2	重複データの削除	107

Step7	新しい顧客住所録を作成する	109
●1	値と書式の貼り付け	109
●2	不要な列の削除	111

Step8	ブックにパスワードを設定する	112
●1	ブックのパスワードの設定	112

■第5章　賃金計算書の作成 ---------- 116

Step1	賃金計算書を確認する	117
●1	賃金計算書	117

Step2	事例と処理の流れを確認する	118
●1	事例	118
●2	処理の流れ	118

Step3	日付を自動的に入力する	121
●1	開始日と締め日の自動入力	121
●2	日付の自動入力	124
●3	出勤/休暇区分の自動入力	125

Step4	実働時間を計算する	129
●1	実働時刻（出勤）の算出	129
●2	実働時刻（退勤）の算出	131
●3	実働合計の算出	132
●4	時間内と時間外の算出	134

Step5	実働時間を合計する	136
●1	時間内と時間外の合計	136
●2	実働時間の合計	139

Step6	給与を計算する	140
●1	時間外の時給の算出	140
●2	小計と合計の算出	142
●3	出勤日数のカウント	143
●4	交通費の算出	144
●5	支給総額の算出	144

Step7	シートを保護する	145
●1	シートの保護	145

■第6章　社員情報の統計 -- 148

Step1　事例と処理の流れを確認する ………………………………… 149
- ●1　事例 …………………………………………… 149
- ●2　処理の流れ ………………………………………… 149

Step2　日付を計算する …………………………………………… 151
- ●1　年齢の算出 ………………………………………… 151
- ●2　勤続年月の算出 …………………………………… 153

Step3　人数をカウントする ……………………………………… 156
- ●1　社員数のカウント ………………………………… 156
- ●2　男女別人数のカウント …………………………… 158
- ●3　年代別人数のカウント …………………………… 159

Step4　平均年齢・平均勤続年月を計算する ………………… 161
- ●1　平均年齢の算出 …………………………………… 161
- ●2　男女別平均年齢の算出 …………………………… 162
- ●3　平均勤続年月の算出 ……………………………… 163

Step5　基本給を求める ………………………………………… 165
- ●1　年代別基本給の最高金額の算出 ………………… 165
- ●2　年代別基本給の最低金額の算出 ………………… 168
- ●3　年代別基本給の平均金額の算出 ………………… 170

■第7章　出張旅費伝票の作成 ------------------------------------- 172

Step1　出張旅費伝票を確認する ……………………………… 173
- ●1　出張旅費伝票 ……………………………………… 173

Step2　事例と処理の流れを確認する ………………………… 174
- ●1　事例 ………………………………………………… 174
- ●2　処理の流れ ………………………………………… 175

Step3　出張期間を入力する …………………………………… 178
- ●1　出張日数の算出 …………………………………… 178
- ●2　日付の自動入力 …………………………………… 179

Step4　曜日を自動的に表示する ……………………………… 181
- ●1　曜日の表示 ………………………………………… 181
- ●2　出張手当の表示 …………………………………… 184

Step5　精算金額を合計する …………………………………… 185
- ●1　小計と旅費合計の算出 …………………………… 185
- ●2　精算金額の算出 …………………………………… 186

■参考学習　様々な関数の利用-- 188

Step1　金種表を作成する ……………………………………… 189
- ●1　金種表 …………………………………………………… 189
- ●2　QUOTIENT関数・MOD関数 …………………………… 190

Step2　年齢の頻度分布を求める …………………………… 192
- ●1　頻度分布 ………………………………………………… 192
- ●2　FREQUENCY関数 ……………………………………… 193

Step3　偏差値を求める ……………………………………… 195
- ●1　標準偏差と偏差値 ……………………………………… 195
- ●2　STDEV.P関数・AVERAGE関数 ……………………… 196

Step4　毎月の返済金額を求める …………………………… 198
- ●1　返済表 …………………………………………………… 198
- ●2　PMT関数 ………………………………………………… 198

Step5　預金満期金額を求める ……………………………… 200
- ●1　積立表 …………………………………………………… 200
- ●2　FV関数 …………………………………………………… 201

■総合問題 --- 202

総合問題1 …………………………………………………………… 203
総合問題2 …………………………………………………………… 206
総合問題3 …………………………………………………………… 208
総合問題4 …………………………………………………………… 211
総合問題5 …………………………………………………………… 213

■付録　関数一覧-- 216

■索引 -- 226

総合問題の解答は、FOM出版のホームページで提供しています。P.3「4　学習ファイルと解答の提供について」を参照してください。

購入特典

本書を購入された方には、次の特典（PDFファイル）をご用意しています。FOM出版のホームページからダウンロードして、ご利用ください。

特典　Excelテクニック集

Excelテクニック集··· 2

【ダウンロード方法】

①次のホームページにアクセスします。

ホームページ・アドレス

https://www.fom.fujitsu.com/goods/eb/

②「Excel 2019/2016/2013 関数テクニック（FPT1906）」の《特典を入手する》を選択します。

③本書の内容に関する質問に回答し、《入力完了》を選択します。

④ファイル名を選択して、ダウンロードします。

本書をご利用いただく前に

本書で学習を進める前に、ご一読ください。

1 本書の記述について

操作の説明のために使用している記号には、次のような意味があります。

記述	意味	例
☐	キーボード上のキーを示します。	Ctrl　F4
☐＋☐	複数のキーを押す操作を示します。	Ctrl＋A （Ctrlを押しながらAを押す）
《　》	ダイアログボックス名やタブ名、項目名など画面の表示を示します。	《関数の挿入》ダイアログボックスが表示されます。《数式》タブを選択します。
「　」	重要な語句や機能名、画面の表示、入力する文字列などを示します。	「複合参照」といいます。「シリーズ」と入力します。

　学習の前に開くファイル

　知っておくべき重要な内容

　知っていると便利な内容

※　補足的な内容や注意すべき内容

　学習した内容の確認問題

　確認問題の答え

　問題を解くためのヒント

2019　Excel 2019の操作方法

2016　Excel 2016の操作方法

2013　Excel 2013の操作方法

2 製品名の記載について

本書では、次の名称を使用しています。

正式名称	本書で使用している名称
Windows 10	Windows 10 または Windows
Microsoft Excel 2019	Excel 2019 または Excel
Microsoft Excel 2016	Excel 2016 または Excel
Microsoft Excel 2013	Excel 2013 または Excel

3 学習環境について

本書を学習するには、次のソフトウェアが必要です。

> ●Excel 2019 または Excel 2016 または Excel 2013

本書を開発した環境は、次のとおりです。
・OS：Windows 10（ビルド17763.437）
・アプリケーションソフト：Microsoft Office Professional Plus 2019
　　　　　　　　　　　　　　Microsoft Excel 2019(16.0.10343.20013)
・ディスプレイ：画面解像度　1024×768ピクセル
※インターネットに接続できる環境で学習することを前提に記述しています。
※環境によっては、画面の表示が異なる場合や記載の機能が操作できない場合があります。

◆画面解像度の設定
画面解像度を本書と同様に設定する方法は、次のとおりです。
①デスクトップの空き領域を右クリックします。
②《ディスプレイ設定》をクリックします。
③《解像度》の∨をクリックし、一覧から《1024×768》を選択します。
※確認メッセージが表示される場合は、《変更の維持》をクリックします。

◆ボタンの形状
ディスプレイの画面解像度やウィンドウのサイズなど、お使いの環境によって、ボタンの形状やサイズが異なる場合があります。ボタンの操作は、ポップヒントに表示されるボタン名を確認してください。
※本書に掲載しているボタンは、ディスプレイの画面解像度を「1024×768ピクセル」、ウィンドウを最大化した環境を基準にしています。

4 学習ファイルと解答の提供について

本書で使用する学習ファイルと解答は、FOM出版のホームページで提供しています。

ホームページ・アドレス

> https://www.fom.fujitsu.com/goods/

ホームページ検索用キーワード

> FOM出版

1 学習ファイル

学習ファイルはダウンロードしてご利用ください。

◆ダウンロード

学習ファイルをダウンロードする方法は、次のとおりです。

①ブラウザーを起動し、FOM出版のホームページを表示します。

※アドレスを直接入力するか、キーワードでホームページを検索します。

②《ダウンロード》をクリックします。

③《アプリケーション》の《Excel》をクリックします。

④《Excel 2019/2016/2013 関数テクニック　FPT1906》をクリックします。

⑤「fpt1906.zip」をクリックします。

⑥ダウンロードが完了したら、ブラウザーを終了します。

※ダウンロードしたファイルは、パソコン内のフォルダー《ダウンロード》に保存されます。

◆ダウンロードしたファイルの解凍

ダウンロードしたファイルは圧縮されているので、解凍（展開）します。

ダウンロードしたファイル「fpt1906.zip」を《ドキュメント》に解凍する方法は、次のとおりです。

①デスクトップ画面を表示します。

②タスクバーの ■ （エクスプローラー）をクリックします。

③《ダウンロード》をクリックします。

※《ダウンロード》が表示されていない場合は、《PC》をダブルクリックします。

④ファイル「fpt1906.zip」を右クリックします。

⑤《すべて展開》をクリックします。

⑥《参照》をクリックします。

⑦《ドキュメント》をクリックします。

※《ドキュメント》が表示されていない場合は、《PC》をダブルクリックします。

⑧《フォルダーの選択》をクリックします。

⑨《ファイルを下のフォルダーに展開する》が「C:¥Users¥（ユーザー名）¥Documents」に変更されます。

⑩《完了時に展開されたファイルを表示する》を ☑ にします。

⑪《展開》をクリックします。
⑫ファイルが解凍され、《ドキュメント》が開かれます。
⑬フォルダー「Excel2019／2016／2013関数テクニック」が表示されていることを確認します。
※すべてのウィンドウを閉じておきましょう。

◆学習ファイルの一覧

フォルダー「Excel2019／2016／2013関数テクニック」には、学習ファイルが入っています。タスクバーの ■ （エクスプローラー）→《PC》→《ドキュメント》をクリックし、一覧からフォルダーを開いて確認してください。

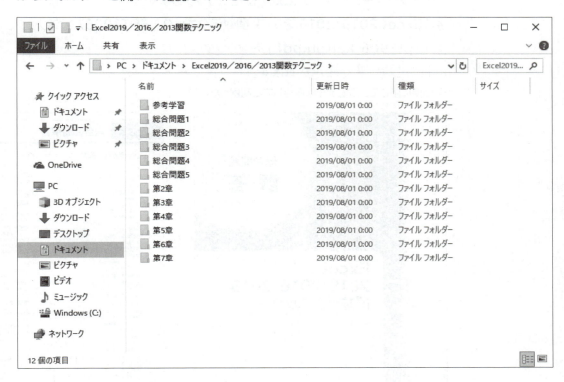

◆学習ファイルの場所

本書では、学習ファイルの場所を《ドキュメント》内のフォルダー「Excel2019／2016／2013関数テクニック」としています。《ドキュメント》以外の場所に解凍した場合は、フォルダーを読み替えてください。

◆学習ファイル利用時の注意事項

ダウンロードした学習ファイルを開く際、そのファイルが安全かどうかを確認するメッセージが表示される場合があります。学習ファイルは安全なので、《編集を有効にする》をクリックして、編集可能な状態にしてください。

2 総合問題の解答

総合問題の標準的な解答を記載したPDFファイルを提供しています。PDFファイルを表示してご利用ください。

◆PDFファイルの表示

総合問題の解答を表示する方法は、次のとおりです。

①ブラウザーを起動し、FOM出版のホームページを表示します。
※アドレスを直接入力するか、キーワードでホームページを検索します。
②《ダウンロード》をクリックします。
③《アプリケーション》の《Excel》をクリックします。
④《Excel 2019/2016/2013 関数テクニック　FPT1906》をクリックします。
⑤「fpt1906_kaitou.pdf」をクリックします。
⑥PDFファイルが表示されます。
※必要に応じて、印刷または保存してご利用ください。

5 本書の最新情報について

本書に関する最新のQ＆A情報や訂正情報、重要なお知らせなどについては、FOM出版のホームページでご確認ください。

ホームページ・アドレス

> https://www.fom.fujitsu.com/goods/

ホームページ検索用キーワード

> FOM出版

第1章

関数の基本

Step1 関数とは …………………………………………………… 7

Step2 関数を入力する ……………………………………………… 9

Step3 関数の引数に名前を使用する ………………………… 13

Step 1 関数とは

1 関数とは

「関数」とは、Excelであらかじめ定義されている数式のことです。関数には、計算の目的に合わせた様々な種類があります。手間のかかる複雑な計算や、具体的な計算方法のわからない難しい計算なども、目的に合った関数を使えば、簡単に計算結果を求めることができます。

1 関数の決まり

関数には、次のような決まりがあります。

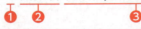

= 関数名（引数1, 引数2, …引数n）
　❶　❷　　　　　❸

❶先頭に「＝（等号）」を入力します。「＝」を入力することで、数式であることを示します。
❷関数名を入力します。
※関数名は、英字で入力します。大文字で入力しても小文字で入力してもかまいません。
❸引数を「()（カッコ）」で囲み、各引数は「,（カンマ）」で区切ります。
　引数には計算対象となる値またはセル、セル範囲、範囲の名前など関数を実行するために必要な情報を入力します。
※関数によって、指定する引数は異なります。
※引数が不要な関数でもカッコは必ず入力します。

2 関数と演算子を使った数式の違い

Excelで計算を行う場合、「＋」や「－」などの演算子を使う方法と関数を使う方法があります。演算子を使う場合は数式が長くなったり、セルの参照を間違えてしまったりすることがありますが、関数を使うと長い数式も簡単に入力できます。

例：
セル【C4】からセル【C13】までの合計を求める

●演算子を使う場合

●関数を使う場合

	A	B	C	D	E	F	G	H	I
						=SUM(C4:C13)			
1		店舗別売上表				数式が簡潔！			
2									単位：千円
3			9月	10月	11月	12月	1月	2月	売上合計
4		日本橋店	860	1,050	900	2,350	1,200	9,800	16,160
5		銀座店	1,000	900	1,450	1,200	1,150	1,560	7,260
6		渋谷店	1,100	5,325	950	1,050	3,548	980	12,953
7		新宿店	950	1,800	1,150	1,250	3,270	1,850	10,270
8		池袋店	920	950	1,000	980	1,100	1,020	5,970
9		上野店	850	800	860	800	900	920	5,130
10		秋葉原店	1,500	1,480	1,650	1,580	1,620	1,580	9,410
11		品川店	780	890	880	870	790	800	5,010
12		豊洲店	600	620	630	600	610	600	3,660
13		お台場店	580	590	590	620	610	620	3,610
14		合計	9,140	14,405	10,060	11,300	14,798	19,730	79,433
15									

STEP UP 数式の確認

関数を入力すると、セルには計算結果が表示されます。数式を確認するときは、関数を入力したセルを選択します。セルに入力した内容は数式バーで確認できます。

	A	B	C	D	E	F	G	H	I
	C10				=SUM(C4:C9)				←数式バー
1		店舗別売上表							
2									単位：千円
3			9月	10月	11月	12月	1月	2月	売上合計
4		日本橋店	860	1,050	900	2,350	1,200	9,800	16,160
5		銀座店	1,000	900	1,450	1,200	1,150	1,560	7,260
6		渋谷店	1,100	5,325	950	1,050	3,548	980	12,953
7		新宿店	950	1,800	1,150	1,250	3,270	1,850	10,270
8		池袋店	920	950	1,000	980	1,100	1,020	5,970
9		上野店	850	800	860	800	900	920	5,130
10		合計	5,680	10,825	6,310	7,630	11,168	16,130	57,743
11		平均	947	1,804	1,052	1,272	1,861	2,688	9,624
12									

STEP UP 数式の表示

《数式》タブ→《ワークシート分析》グループの [数式の表示]（数式の表示）を使うと、数式の計算結果ではなく、セルに入力されている数式をそのまま表示できます。数式が入力されているセルを確認したり、セルの参照先を確認したりするのに適しています。

※数式の表示を解除して計算結果の表示に戻すには、[数式の表示]（数式の表示）を再度クリックします。

Step2 関数を入力する

1 関数の入力方法

関数を入力する方法には、次のようなものがあります。

● キーボードから直接入力する
● 🔲 (関数の挿入) を使う
● 関数ライブラリを使う
---

1 キーボードから直接入力する

セルに関数を直接入力できます。入力中に、関数に必要な引数がポップヒントで表示されます。関数の名前や引数に何を指定すればよいかがわかっている場合には、直接入力した方が効率的な場合があります。

	A	B	C	D	E	F	G	H	I
		SUM	▼	:	×	✔	fx	=SUM(C4:C9	
1		店舗別売上表							
2									単位：千円
3			9月	10月	11月	12月	1月	2月	売上合計
4		日本橋店	860	1,050	900	2,350	1,200	9,800	16,160
5		銀座店	1,000	900	1,450	1,200	1,150	1,560	7,260
6		渋谷店	1,100	5,325	950	1,050	3,548	980	12,953
7		新宿店	950	1,800	1,150	1,250	3,270	1,850	10,270
8		池袋店	920	950	1,000	980	1,100	1,020	5,970
9		上野店	850	800	860	800	900	920	5,130
10		合計	=SUM(C4:C9						
11		平均	SUM(数値1, [数値2], ...)						
12									

👆POINT 関数の直接入力

	A	B	C	D	E	F	G	H	I
		SUM	▼	:	×	✔	fx	=SU	
1		店舗別売上表							
2									単位：千円
3			9月	10月	11月	12月	1月	2月	売上合計
4		日本橋店	860	1,050	900	2,350	1,200	9,800	16,160
5		銀座店	1,000	900	1,450	1,200	1,150	1,560	7,260
6		渋谷店	1,100	5,325	950	1,050	3,548	980	12,953
7		新宿店	950	1,800	1,150	1,250	3,270	1,850	10,270
8		池袋店	920	950	1,000	980	1,100	1,020	5,970
9		上野店	850	800	860	800	900	920	5,130
10		合計	=SU						
11		平均							

一覧：
- SUBSTITUTE
- SUBTOTAL
- SUM ← セル範囲に含まれる数値をすべて合計します。
- SUMIF
- SUMIFS
- SUMPRODUCT
- SUMSQ
- SUMX2MY2
- SUMX2PY2
- SUMXMY2

Sheet1　入力

「＝」に続けて英字を入力すると、その英字で始まる関数名が一覧で表示されます。一覧の関数名をクリックすると、ポップヒントに関数の説明が表示されます。一覧の関数名をダブルクリックすると、自動的に関数名とカッコが入力されます。

※ [Tab]を押して関数名とカッコを入力することもできます。

2 ƒx（関数の挿入）を使う

数式バーの ƒx （関数の挿入）を使うと、ダイアログボックス上で関数や引数の説明を確認しながら、数式を入力できます。関数の使い方がよくわからない場合に便利です。また、関数を選択して入力するため入力ミスを防ぐこともできます。

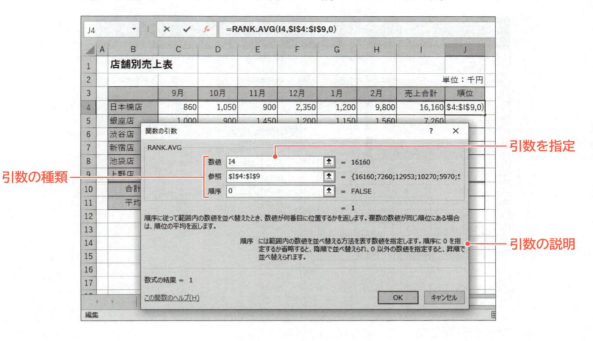

引数の種類
引数を指定
引数の説明

POINT 《関数の挿入》ダイアログボックス

数式バーの ƒx （関数の挿入）をクリックすると、《関数の挿入》ダイアログボックスが表示されます。《関数の挿入》ダイアログボックスでは、単に関数を選択するだけでなく、キーワードから目的の関数を検索したり、関数の説明やヘルプを確認したりすることができます。

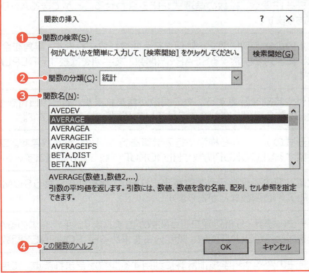

❶ 関数の検索
キーワードを入力して目的の関数を検索できます。

❷ 関数の分類
目的の関数の分類を選択すると、その分類に含まれる関数が《関数名》に一覧で表示されます。

❸ 関数名
関数名を選択すると、一覧の下に選択した関数の説明が表示されます。

❹ この関数のヘルプ
クリックすると、選択した関数のヘルプが表示され、関数の解説や書式、使用例などが確認できます。

STEP UP その他の方法（《関数の挿入》ダイアログボックスの表示）

◆《ホーム》タブ→《編集》グループの Σ▼（合計）の ▼ →《その他の関数》
◆《数式》タブ→《関数ライブラリ》グループの ƒx （関数の挿入）
◆ Shift + F3

3 関数ライブラリを使う

《数式》タブの《関数ライブラリ》グループには、分類ごとに関数がまとめられています。関数の分類のボタンをクリックして一覧から関数名をクリックすると、関数名やカッコが自動的に入力されます。

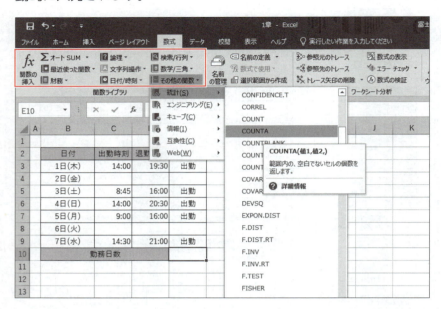

関数の分類には、次のようなものがあります。

分類	説明
財務関数	会計や財務処理を行う関数が含まれます。ローンの返済金額を計算するPMT関数、目標額に応じた積立金額を計算するFV関数などがあります。
論理関数	条件判定や条件式を扱うための関数が含まれます。条件に応じて異なる処理が実行できるIF関数、複数の論理式を組み合わせることができるAND関数やOR関数などがあります。
文字列操作関数	セル内の文字列に関する処理を行う関数が含まれます。半角を全角に変換するJIS関数、文字列を検索するSEARCH関数、文字列を置換するREPLACE関数などがあります。
日付/時刻関数	日付や時刻を計算するための関数が含まれます。本日の日付を表示するTODAY関数、現在の日付と時刻を表示するNOW関数などがあります。
検索/行列関数	表形式のデータから検索や行列計算を行う関数が含まれます。コードに対応する値を検索するVLOOKUP関数やHLOOKUP関数などがあります。
数学/三角関数	数値計算の処理を行う関数が含まれます。集計処理に使うSUM関数、端数処理に使うROUND関数などがあります。
統計関数	データの統計・分析処理を行う関数が含まれます。平均を求めるAVERAGE関数、個数を求めるCOUNT関数、頻度分布を求めるFREQUENCY関数などがあります。
エンジニアリング関数	N進法の変換や科学技術計算に利用する関数が含まれます。10進数を2進数に変換するDEC2BIN関数、16進数を2進数に変換するHEX2BIN関数などがあります。
キューブ関数	SQL Serverからデータを抽出して、ピボットテーブルを作成するときなどに使用するキューブを操作するための関数が含まれます。セット内のアイテム数を求めるCUBESETCOUNT関数、キューブの集計値を求めるCUBEVALUE関数などがあります。
情報関数	セルの情報などを検索・調査する関数が含まれます。対象のセルが空白かどうかを確認するISBLANK関数、エラーかどうかを確認するISERROR関数などがあります。

分類	説明
互換性関数	下位バージョンとの互換性のために利用可能な関数が含まれます。Excel 2007以前のバージョンと互換性のあるRANK関数やSTDEV関数などがあります。
Web関数	VBAでコードを書くことなくWeb APIを利用できる関数が含まれます。URL形式でエンコードされた文字列を返すENCODEURL関数、Webサービスからのデータを返すWEBSERVICE関数などがあります。
データベース関数	リストまたはデータベースの指定された列を検索し、条件を満たすレコードを計算する関数が含まれます。条件を満たすレコードを合計するDSUM関数、条件を満たすレコードの平均を求めるDAVERAGE関数などがあります。

👆 POINT　合計ボタンを使う

「SUM（合計）」「AVERAGE（平均）」「COUNT（数値の個数）」「MAX（最大値）」「MIN（最小値）」の各関数は、合計ボタンから選択することもできます。
◆《数式》タブ→《関数ライブラリ》グループの Σ オート SUM ▾ （合計）の ▾
◆《ホーム》タブ→《編集》グループの Σ ▾ （合計）の ▾

2　関数のネスト

関数の引数には、数値や文字列、セル参照のほかに、数式や関数を使うことができます。関数の中に関数を組み込むことを**「関数のネスト」**といいます。関数をネストすると、より複雑な処理を行うことができます。関数のネストは64レベルまで設定できます。

J4		▾	:	×	✓	*fx*	=IF(AVERAGE(C4:H4)>=1500,"A","B")		

▲	A	B	C	D	E	F	G	H	I	J
1		店舗別売上表								
2										単位：千円
3			9月	10月	11月	12月	1月	2月	売上合計	評価
4		日本橋店	860	1,050	900	2,350	1,200	9,800	16,160	A
5		銀座店	1,000	900	1,450	1,200	1,150	1,560	7,260	B
6		渋谷店	1,100	5,325	950	1,050	3,548	980	12,953	A
7		新宿店	950	1,800	1,150	1,250	3,270	1,850	10,270	A
8		池袋店	920	950	1,000	980	1,100	1,020	5,970	B
9		上野店	850	800	860	800	900	920	5,130	B
10										

=IF（AVERAGE（C4:H4）>=1500,"A","B"）

IF関数の引数に、AVERAGE関数を指定

Step3 関数の引数に名前を使用する

1 関数の引数に名前を使用

セルやセル範囲に「**名前**」を定義しておくと、データを扱いやすくなります。定義した名前を使って、セルやセル範囲を選択したり数式に引用したりできます。
関数の引数に名前を使用すると、広範囲にわたるセル範囲や複数の範囲を指定する手間を省くことができるので効率的です。また、名前の付け方によっては、関数の引数を見ただけでその役割や用途が明確になります。

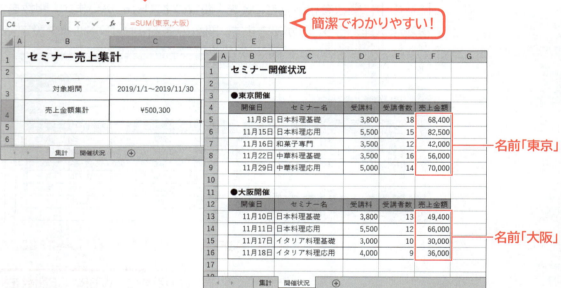

POINT 名前の定義

名前を定義する方法は、次のとおりです。
◆セル範囲を選択→《数式》タブ→《定義された名前》グループの [名前の定義] （名前の定義）
◆セル範囲を右クリック→《名前の定義》
◆セル範囲を選択→名前ボックスに名前を入力→ Enter

第2章

請求書の作成

Step1	請求書を確認する	15
Step2	事例と処理の流れを確認する	19
Step3	参照用の表を準備する	24
Step4	ユーザー定義の表示形式を設定する	27
Step5	連番を自動入力する	30
Step6	参照用の表からデータを検索する	33
Step7	総額を計算する	46
Step8	請求金額と支払期日を表示する	53

Step1 請求書を確認する

1 請求書の役割

「**請求書**」とは、販売した商品や提供したサービスの代金の支払いを通知するために発行する書類です。
一般的に、商品などの販売において、企業と顧客との間で発生する書類の種類と流れには、次のようなものがあります。

●商品販売において発生する書類の種類と流れ

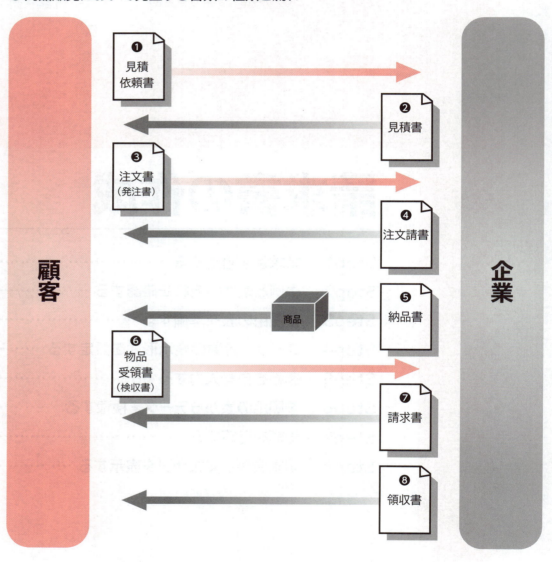

❶ 見積依頼書

顧客が企業に対して購入したい商品、数量などを通知し、見積書の作成を依頼します。

❷ 見積書

企業は顧客の商品の購入要求に対して、商品の金額、納期、支払方法、見積書の有効期限などを提示します。

❸ 注文書（発注書）

顧客が企業に商品を注文（発注）します。

❹ 注文請書

企業が顧客からの注文を受けたことを通知します。

❺ 納品書

商品を納品する際に、企業が顧客に納品内容（商品や数量など）を確認するために発行します。

❻ 物品受領書（検収書）

顧客が企業に商品を受け取ったことを通知します。

❼ 請求書

企業が顧客に対して、注文書と注文請書で取り決めた内容をもとに商品の代金、支払方法、支払期日などを通知します。

❽ 領収書

企業が顧客から代金を受け取ったことを通知します。

STEP UP 注文書と注文請書

注文書と注文請書を取り交わすことで売買が成立します。この2種類の書類は、売買契約書の代わりになることがあります。

2 請求書に記載する項目

請求書に必要な項目を確認しましょう。

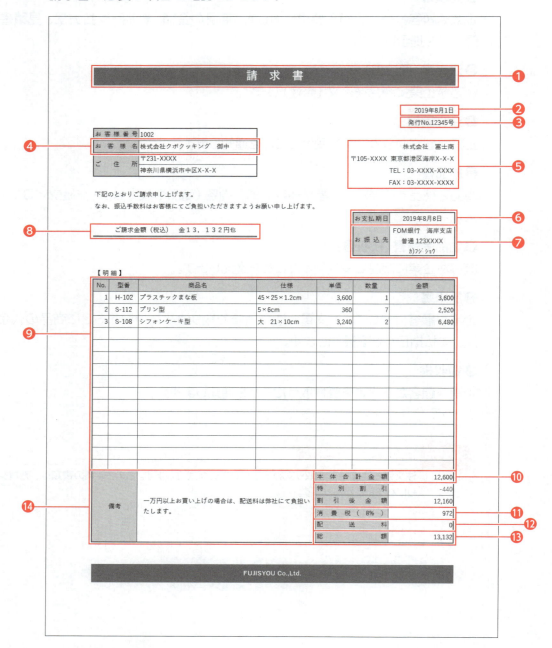

❶タイトル
ほかの文字列よりも大きめのフォントサイズで書類のタイトルを記載します。

❷発行日
請求書を発行または相手に提出する日付を記載します。

❸発行番号
請求書の発行番号を記載します。部門ごとまたは内容種別ごとなどに連番を振ります。

❹宛先
請求する宛先を記載します。敬称は、企業などの団体名の場合には「**御中**」、個人名の場合には「**様**」を使います。企業の担当者宛てとする場合は、「**〇〇〇会社　〇〇様**」とします。

❺ 発行元

請求書の発行元の名前や住所、電話番号などの連絡先を記載します。
※必要に応じて、担当者などの押印欄を用意します。

❻ 支払期日

支払い手続きの期限を記載します。
※必要に応じて、期日を過ぎた場合の対処について記載します。

❼ 振込先

振込先の銀行、口座種別、口座番号、口座名義などを記載します。
※振込手数料を負担してもらう場合は、注意事項を記載します。

❽ 合計金額

一般的に、「**税込**」の合計金額を記載します。大きめのフォントサイズや全角数字などにして、ひと目でわかるようにします。明細の最終行に記載している総額と同じ金額を記載します。

❾ 明細

請求内容の明細を記載します。明細には以下のようなものを記載します。

・型　番：商品の型番を記載します。
・商品名：商品の名前を記載します。必要に応じて、商品の仕様なども記載します。
・単　価：商品の単価を記載します。明細に「**本体合計金額**」「**消費税**」「**総額**」を記載する場合は、単価は「**税抜単価**」で記載します。
・数　量：商品の数量を記載します。必要に応じて、商品の販売単位を記載します。単位には、「**個**」「**箱**」「**ケース**」などがあります。サービスの提供など数量として表せない場合は「**一式**」と記載します。
・金　額：「**単価**」×「**数量**」の金額を記載します。

❿ 本体合計金額

明細の金額の合計を記載します。

⓫ 消費税

本体合計金額に応じた消費税額を記載します。

⓬ 配送料

配送料を別途請求する場合に記載します。

⓭ 総額

請求書の合計金額を記載します。

⓮ 備考

請求についての補足事項などを記載します。

STEP UP　月単位の請求処理

請求書は、月ごとにまとめて月末締めなどで発行することもあります。このような場合の請求書のタイトルは、「2019年8月分請求書」などのように、いつの請求書なのかがわかるように年度や月も記載します。また、発行日は月末などの締め日を記載する場合も多いようです。

STEP UP　単価が税込の場合

単価が税込の場合は、請求書に本体合計金額や消費税の記載は必要なく、「総額」を記載します。

18

Step 2 事例と処理の流れを確認する

1 事例

具体的な事例をもとに、どのような請求書を作成するのかを確認しましょう。

●事例
キッチン用品を会員向けに販売している企業において、正確で効率的な請求書の作成を検討しています。
これまでは請求書に顧客情報や商品情報を入力する際、別のシートからデータをコピーしたり台帳から転記したりしていましたが、このような手入力の作業は非効率的で時間がかかり、また、請求書の発行が集中する月末には入力ミスが多発して顧客に迷惑をかけることもありました。
これからは、できるだけ関数を使って自動入力させ、手入力の作業を必要最低限に抑えることにより、作業を効率化するとともに入力ミスを防止したいと考えています。

2 処理の流れ

これまで異なるブックで管理されていた**「請求書」「顧客一覧」「配送料一覧」「商品一覧」**をひとつのブックにまとめ、関数を使って関連するデータを自動的に表示させます。ひとつのブックにまとめておくと、管理がしやすくなります。

関数を使って関連データを自動表示

ひとつのブックにまとめて管理

20

1 作成する請求書の確認

入力するセルと関数などの数式を使って自動入力させるセルをそれぞれ確認しましょう。

●入力するセル

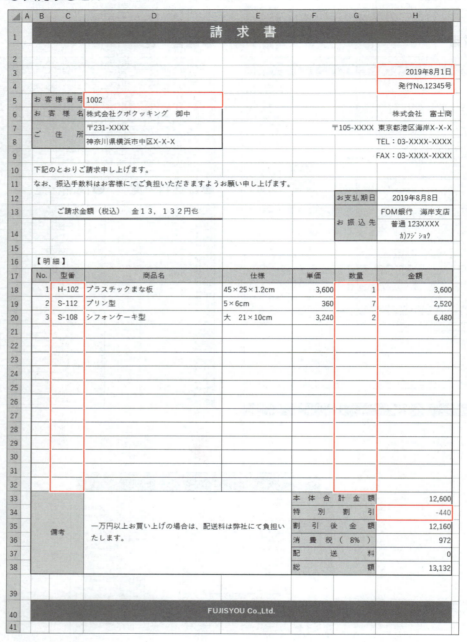

●関数などを使って自動入力させるセル

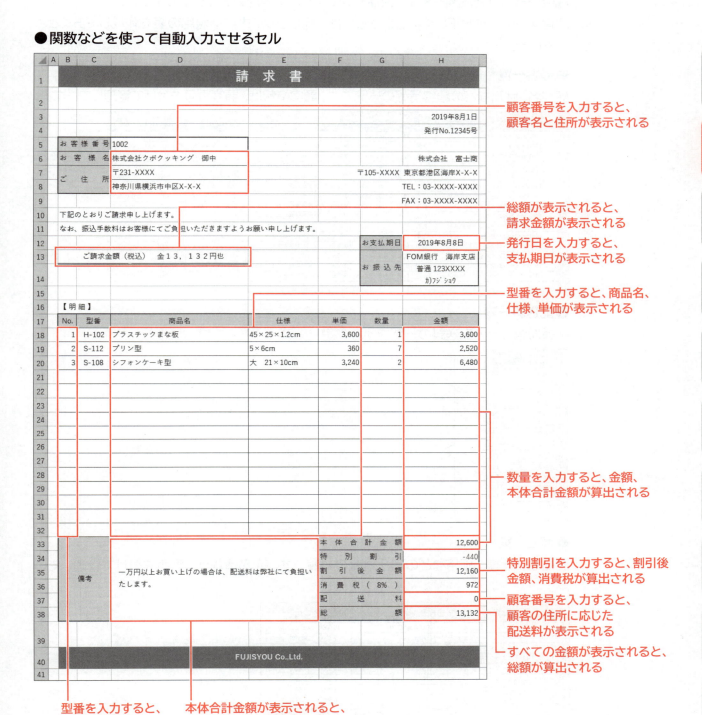

2 参照用の表の確認

「顧客一覧」「配送料一覧」「商品一覧」などの参照用の表を確認しましょう。
関連するデータを正しく参照させるには、同じブック内に参照用の表を作成しておくとよいでしょう。

●顧客一覧

顧客名、住所などの顧客情報の一覧です。顧客情報は、顧客番号を付けて管理しています。

	A	B	C	D	E	F	G	H	I	J
1	顧客番号	顧客名	担当者	郵便番号	都道府県	住所	電話番号	配送料	取引開始日	
2	1001	あさひ栄養専門学校	西井 美里	166-XXXX	東京都	杉並区阿佐谷南X-X-X	03-XXXX-XXXX	700	2019/10/3	
3	1002	株式会社クボクッキング	久保 洋子	231-XXXX	神奈川県	横浜市中区X-X-X	045-XXX-XXXX	700	2019/10/7	
4	1003	おおつき販売株式会社	大槻 智夫	910-XXXX	福井県	福井市大手X-X-X	0776-XX-XXXX	800	2019/10/13	
5	1004	土江クッキングスクール	土江 裕子	260-XXXX	千葉県	千葉市中央区旭町X-X-X	043-XXX-XXXX	700	2019/10/14	
6	1005	株式会社レユミ	佐々木 由美	760-XXXX	香川県	高松市紺屋町X-X-X	087-XXX-XXXX	800	2019/10/17	
7	1006	株式会社クックサツマ	大戸 光一	890-XXXX	鹿児島県	鹿児島市荒田X-X	099-XXX-XXXX	1,000	2019/10/19	
8	1007	マーメイドキッチン株式会社	沢村 舞	105-XXXX	東京都	港区虎ノ門XX-X-X	03-XXXX-XXXX	700	2019/10/20	
9	1008	岡田雑貨販売株式会社	岡田 喜絵	194-XXXX	東京都	町田市原町田XX-XX-X	042-XXX-XXXX	700	2019/10/21	
10	1009	堀江調理専門学校	堀江 祥子	154-XXXX	東京都	世田谷区豪徳寺X-X-X	03-XXXX-XXXX	700	2019/10/24	
11	1010	エリーゼクッキング株式会社	福西 絵里	612-XXXX	京都府	京都市伏見区小豆屋町X-X	075-XXX-XXXX	800	2019/10/28	
12	1011	株式会社YD企画	山本 大輔	753-XXXX	山口県	山口市大手町X-X-X	083-XXX-XXXX	800	2019/11/2	
13	1012	MIKIO料理教室	渡辺 樹生	813-XXXX	福岡県	福岡市東区青葉X-X-X	092-XXX-XXXX	1,000	2019/11/9	
14	1013	株式会社さくら販売	原田 孝二	531-XXXX	大阪府	大阪市北区豊崎X-X-X	06-XXXX-XXXX	800	2019/11/14	
15	1014	キッチン雑貨アップル・ホーム	伊藤 恵子	006-XXXX	北海道	札幌市手稲区前田二条X-XX	011-XXX-XXXX	1,000	2019/11/18	
16	1015	パイナップル・カフェ株式会社	本庄 祐子	103-XXXX	東京都	中央区日本橋X-X-X	03-XXXX-XXXX	700	2019/11/22	
17										

●配送料一覧

都道府県ごとの配送料の一覧です。

●商品一覧

商品名、仕様、価格などの商品情報の一覧です。商品情報は、型番を付けて管理しています。

	A	B	C	D	E	F
1	型番	商品名	仕様	標準価格	会員価格	
2	D-101	フードカッター　キュイジーン	DLC8 容量2.3L	48,000	43,200	
3	D-102	ハンドミキサー　キュイジーン	170W	9,800	8,820	
4	D-103	ミキサー　ダーミックス	110W	29,800	26,820	
5	D-104	トースター　SANROGI	1000W	43,000	38,700	
6	D-105	アイスクリームメーカー	T360 1.5L	19,800	17,820	
7	H-101	木製まな板	24×38×3cm	2,500	2,250	
8	H-102	プラスチックまな板	45×25×1.2cm	4,000	3,600	
9	H-103	キッチンスケール デリカ	2kg	5,800	5,220	
33	S-106	デコレーションケーキ型	大 21	1,200		
33	S-107	デコレーションケーキ型	小 15×6cm	800	720	
34	S-108	シフォンケーキ型	大 21×10cm	3,600	3,240	
35	S-109	シフォンケーキ型	小 15×8cm	2,300	2,070	
36	S-110	スケッパー	12×11cm	500	450	
37	S-111	めん棒	3.3×60cm	1,600	1,440	
38	S-112	プリン型	5×6cm	400	360	
39	S-113	泡立て器	27cm	1,200	1,080	
40						

> **POINT 別ブックの参照**
>
> 別ブックの表を参照させることも可能です。ただし、ブックを移動したり、ブック名を変更したりすると、関連データを表示できなくなることがあるので注意が必要です。

Step3 参照用の表を準備する

1 別ブックのシートのコピー

別ブックのシート「**顧客一覧**」「**配送料一覧**」「**商品一覧**」をブック「**請求書**」にコピーして、ひとつのブックにまとめましょう。

1 複数のブックを開く

ブック「**請求書**」「**顧客一覧**」「**商品一覧**」をまとめて開きましょう。
※ブック「顧客一覧」には、シート「顧客一覧」とシート「配送料一覧」が保存されています。
※Excelを起動しておきましょう。

① スタート画面が表示されていることを確認します。
②《他のブックを開く》をクリックします。
③ 2019/2016
　《参照》をクリックします。
　 2013
　《コンピューター》をクリックします。
　《参照》をクリックします。

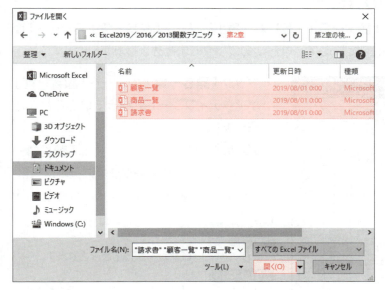

《ファイルを開く》ダイアログボックスが表示されます。
④ フォルダー「**第2章**」を開きます。
※《PC》→《ドキュメント》→「Excel2019／2016／2013関数テクニック」→「第2章」を選択します。
⑤「**顧客一覧**」を選択します。
⑥ [Shift]を押しながら、「**請求書**」を選択します。
3つのブックが選択されます。
⑦《開く》をクリックします。

24

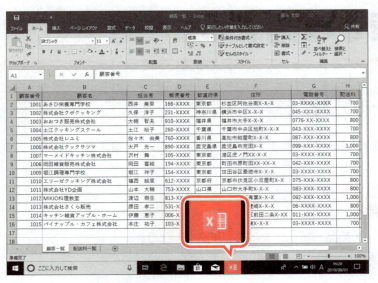

3つのブックが開かれます。

※お使いの環境によっては、一番手前に表示されるブックが異なります。
※次の操作のために、ブック「顧客一覧」をアクティブウィンドウにしておきましょう。

STEP UP　アクティブウィンドウの切り替え

アクティブウィンドウの切り替え方法は、次のとおりです。
◆タスクバーの [x] をポイント→ブックのサムネイルをクリック

POINT　複数ブックの選択

《ファイルを開く》ダイアログボックスで複数のブックを選択する方法は、次のとおりです。

連続するブックの選択
◆先頭のブックを選択→ Shift を押しながら、最終のブックを選択

連続していないブックの選択
◆1つ目のブックを選択→ Ctrl を押しながら、2つ目以降のブックを選択

フォルダー内のすべてのブックの選択
◆ブックを選択→ Ctrl + A
※最初に選択するブックはどのブックでもかまいません。

2　別ブックのシートのコピー

ブック「**顧客一覧**」のシート「**顧客一覧**」「**配送料一覧**」とブック「**商品一覧**」のシート「**商品一覧**」をブック「**請求書**」にコピーして、ひとつのブックにまとめましょう。

①ブック「**顧客一覧**」のシート「**顧客一覧**」がアクティブシートになっていることを確認します。

② Shift を押しながら、シート「**配送料一覧**」のシート見出しをクリックします。

2枚のシートが選択され、グループが設定されます。

`2019`
※タイトルバーに《[グループ]》と表示されます。

`2016/2013`
※タイトルバーに《[作業グループ]》と表示されます。

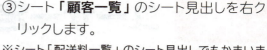

③シート「**顧客一覧**」のシート見出しを右クリックします。

※シート「配送料一覧」のシート見出しでもかまいません。

④《移動またはコピー》をクリックします。

《**シートの移動またはコピー**》ダイアログボックスが表示されます。

⑤《**移動先ブック名**》の ▼ をクリックし、一覧から「**請求書.xlsx**」を選択します。

⑥《**挿入先**》の一覧から《**（末尾へ移動）**》を選択します。

⑦《**コピーを作成する**》を ☑ にします。

※《コピーを作成する》を ☐ にした場合、シートは移動されます。

⑧《**OK**》をクリックします。

ブック「**請求書**」がアクティブウィンドウになり、2枚のシートがコピーされます。

⑨同様に、ブック「**商品一覧**」のシート「**商品一覧**」を、ブック「**請求書**」の末尾にコピーします。

※ブック「顧客一覧」とブック「商品一覧」は保存せずに閉じておきましょう。

Step 4 ユーザー定義の表示形式を設定する

1 ユーザー定義の表示形式

あらかじめ用意されている表示形式のほかに、ユーザーが独自に文字列を付けて表示したり、日付に曜日を付けて表示したりなど、シート上の表示を変更できます。
シート「**請求書**」のセル【H4】の「**12345**」が「**発行No.12345号**」と表示されるように、表示形式を設定しましょう。

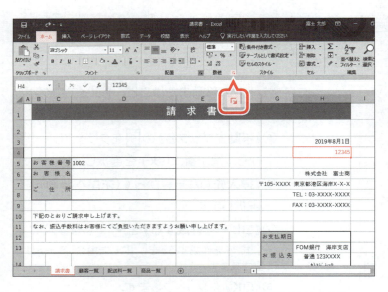

①シート「**請求書**」のシート見出しをクリックします。
②セル【H4】をクリックします。
③《**ホーム**》タブを選択します。
④《**数値**》グループの ▫ （表示形式）をクリックします。

《**セルの書式設定**》ダイアログボックスが表示されます。
⑤《**表示形式**》タブを選択します。
⑥《**分類**》の一覧から《**ユーザー定義**》を選択します。
⑦《**種類**》に「**"発行No."0"号"**」と入力します。
※文字列は「"（ダブルクォーテーション）」で囲みます。
※「0」はセルに入力されている数値を意味します。
※《サンプル》に設定した表示形式が表示されます。
⑧《**OK**》をクリックします。

数値の前に「**発行No.**」、後ろに「**号**」が表示されます。

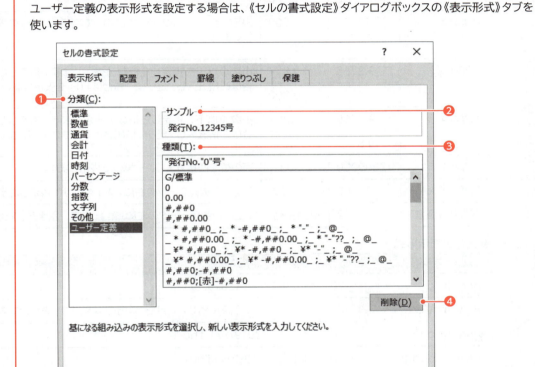

POINT 《セルの書式設定》ダイアログボックスの《表示形式》タブ

ユーザー定義の表示形式を設定する場合は、《セルの書式設定》ダイアログボックスの《表示形式》タブを使います。

❶分類
表示形式の分類が一覧で表示されます。ユーザー定義の表示形式を設定する場合、《ユーザー定義》を選択します。

❷サンプル
定義した表示形式のサンプルが表示されます。

❸種類
ユーザー定義の表示形式を入力します。あらかじめ用意されている表示形式の一覧から選択することもできます。

❹削除
定義した表示形式を削除します。

STEP UP ユーザー定義の表示形式

ユーザー定義の表示形には、次のようなものがあります。

● 数値の表示形式

表示形式	入力データ	表示結果	備考
0	123	123	「0」と「#」は両方とも数値の桁数を意味します。「0」は入力する数値が「0」のときは「0」を表示します。「#」は入力する数値が「0」のときは何も表示しません。
	0	0	
#	123	123	
	0	空白	
0000	123	0123	指定した桁数分の「0」を表示します。
	0	0000	
#,##0	12300	12,300	3桁ごとに「,（カンマ）」で区切って表示し、「0」の場合は「0」を表示します。
	0	0	
#,###	12300	12,300	3桁ごとに「,（カンマ）」で区切って表示し、「0」の場合は空白を表示します。
	0	空白	
0.000	9.8765	9.877	小数点以下を指定した桁数分表示します。指定した桁数を超えた場合は四捨五入し、足りない場合は「0」を表示します。
	9.8	9.800	
#.###	9.8765	9.877	小数点以下を指定した桁数分表示します。指定した桁数を超えた場合は四捨五入し、足りない場合はそのまま表示します。
	9.8	9.8	
#,##0,	12300000	12,300	百の位を四捨五入し、千単位で表示します。
#,##0"人"	12300	12,300人	入力した数値データの右に「人」を付けて表示します。
"第"#"会議室"	2	第2会議室	入力した数値データの左に「第」、右に「会議室」を付けて表示します。

● 日付の表示形式

表示形式	入力データ	表示結果	備考
yyyy/m/d	2019/8/1	2019/8/1	
yyyy/mm/dd	2019/8/1	2019/08/01	月日が1桁の場合、「0」を付けて表示します。
yyyy/m/d ddd	2019/8/1	2019/8/1 Thu	
yyyy/m/d (ddd)	2019/8/1	2019/8/1 (Thu)	
yyyy/m/d dddd	2019/8/1	2019/8/1 Thursday	
yyyy"年"m"月"d"日"	2019/8/1	2019年8月1日	
yyyy"年"mm"月"dd"日"	2019/8/1	2019年08月01日	月日が1桁の場合、「0」を付けて表示します。
ggge"年"m"月"d"日"	2019/8/1	令和1年8月1日	元号で表示します。 ※お使いの環境によっては、「平成31年8月1日」と表示されます。
m"月"d"日"	2019/8/1	8月1日	
m"月"d"日" aaa	2019/8/1	8月1日 木	
m"月"d"日" (aaa)	2019/8/1	8月1日（木）	
m"月"d"日" aaaa	2019/8/1	8月1日 木曜日	

● 文字列の表示形式

表示形式	入力データ	表示結果	備考
@"御中"	花丸商事	花丸商事御中	入力した文字列の右に「御中」を付けて表示します。
"タイトル:"@	山	タイトル:山	入力した文字列の左に「タイトル:」を付けて表示します。

Step5 連番を自動入力する

1 連番の自動入力

型番を入力すると、自動的に明細のNo.に連番が表示されるようにしましょう。また、型番が入力されていないときは、何も表示されないようにします。
IF関数を使います。

1 IF関数

「IF関数」を使うと、指定した条件を満たしている場合と満たしていない場合の結果を表示できます。

●IF関数

論理式の結果に基づいて、論理式が真（TRUE）の場合の値、論理式が偽（FALSE）の場合の値をそれぞれ返します。

=IF（論理式, 真の場合, 偽の場合）
　　　　❶　　　　❷　　　　　❸

❶論理式
判断の基準となる数式を指定します。

❷真の場合
論理式の結果が真（TRUE）の場合の処理を数値や数式、文字列で指定します。

❸偽の場合
論理式の結果が偽（FALSE）の場合の処理を数値や数式、文字列で指定します。

例1：

| E3 | | f_x | =IF(D3>=250000,"A","B") | | | | |

	A	B	C	D	E	F	G	H
1								
2		社員番号	氏名	今期実績	評価			
3		1001	高橋　健太	265,000	A			
4		1002	井上　夏雄	320,000	A			
5		1003	山口　隆	198,200	B			
6								

> セル【D3】の値が250,000以上であれば「A」、そうでなければ「B」を表示する

例2：

| E3 | | f_x | =IF(D3>=300000,"A",IF(D3>=250000,"B","C")) | | | | |

	A	B	C	D	E	F	G	H
1								
2		社員番号	氏名	今期実績	評価			
3		1001	高橋　健太	265,000	B			
4		1002	井上　夏雄	320,000	A			
5		1003	山口　隆	198,200	C			
6								

> セル【D3】の値が300,000以上であれば「A」、250,000以上300,000未満であれば「B」、250,000未満であれば「C」を表示する

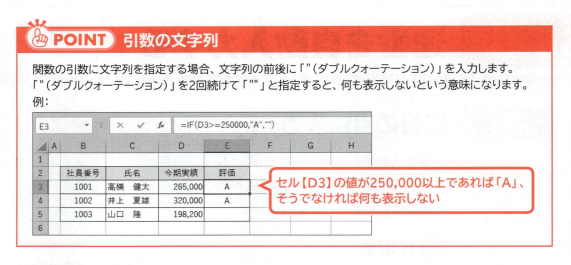

2 連番の自動入力

セル範囲【B19:B32】に連番を表示する数式を入力しましょう。
連番は、セル【B18】の「1」をもとに表示します。また、IF関数を使って、C列の型番が入力されていないときは、何も表示されないようにします。

●セル【B19】の数式

❶セル【B18】のNo.に1を足してセル【B19】のNo.を求める
❷セル【C19】の型番が空データであれば何も表示せず、そうでなければ❶の結果を表示する

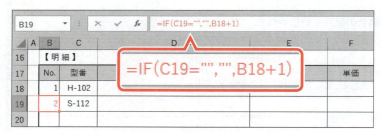

①セル【B19】に「=IF(C19="","",B18+1)」と入力します。

②セル【B19】を選択し、セル右下の■（フィルハンドル）をセル【B32】までドラッグします。

数式がコピーされます。

	A	B	C	D	E	F
16		【明細】				
17		No.	型番	商品名	仕様	単価
18		1	H-102			
19		2	S-112			
20		3	S-108			
21						
22						
23						
24						
25						
26						
27						
28						

「**型番**」を入力すると「**No.**」が表示される
ことを確認します。

③セル【C20】に「**S-108**」と入力します。
セル【B20】に「**3**」が表示されます。

👆POINT　オートフィルオプション

■（フィルハンドル）をドラッグすると、▦（オートフィルオプション）が表示されます。クリックすると表示される一覧から、書式の有無を指定したり、日付の単位を変更したりできます。

- ◉ セルのコピー(C)
- ○ 書式のみコピー (フィル)(F)
- ○ 書式なしコピー (フィル)(O)
- ○ フラッシュ フィル(F)

👆POINT　演算記号

数式で使う演算記号は、次のとおりです。

演算記号	計算方法	一般的な数式	入力する数式
＋（プラス）	たし算	2＋3	＝2＋3
－（マイナス）	ひき算	2－3	＝2－3
＊（アスタリスク）	かけ算	2×3	＝2＊3
／（スラッシュ）	わり算	2÷3	＝2/3
＾（キャレット）	べき乗	2^3	＝2＾3

👆POINT　演算子

IF関数で論理式を指定するときは、次のような演算子を使います。

演算子	例	意味
＝	A＝B	AとBが等しい
＞＝	A＞＝B	AがB以上
＜＝	A＜＝B	AがB以下
＞	A＞B	AがBより大きい
＜	A＜B	AがBより小さい
＜＞	A＜＞B	AとBが等しくない

Step6 参照用の表からデータを検索する

第2章 請求書の作成

1 顧客情報の参照

顧客番号を入力すると、自動的に顧客名と郵便番号が表示されるようにしましょう。入力された顧客番号をもとに、シート「**顧客一覧**」を参照し、顧客番号に該当する顧客名と郵便番号を表示します。また、顧客番号が入力されていないときは、何も表示されないようにします。
VLOOKUP関数とIF関数を使います。

1 VLOOKUP関数

「**VLOOKUP関数**」を使うと、コードや番号をもとに参照用の表から該当するデータを検索し、表示できます。参照用の表のデータが縦方向に入力されている場合に使います。

●VLOOKUP関数

参照用の表から該当するデータを検索し、表示します。

=VLOOKUP (検索値, 範囲, 列番号, 検索方法)
　　　　　　 ❶　　　❷　　　❸　　　❹

❶検索値
検索対象のコードや番号を入力するセルを指定します。
❷範囲
参照用の表のセル範囲を指定します。
参照用の表の左端列にキーとなるコードや番号を入力しておく必要があります。
❸列番号
セル範囲の何番目の列を参照するかを指定します。
左から「1」「2」・・・と数えて指定します。
❹検索方法
「FALSE」または「TRUE」を指定します。「TRUE」は省略できます。

FALSE	完全に一致するものを検索します。
TRUE	近似値を含めて検索します。

例:

> コースNo.を入力する
> 料金一覧からコースを検索して表示する
> 料金一覧から価格を検索して表示する

	A	B	C	D	E	F	G	H	I
1	●見積表						●料金一覧		
2	コースNo.	コース	価格	数量	金額		コースNo.	コース	価格
3	1001	ホームページ作成（5P）	200,000	2	400,000		1001	ホームページ作成（5P）	200,000
4							1002	リニューアル	160,000
5							2001	画像作成（文字のみ）	2,500
6							2002	画像作成（イラスト）	6,000
7							2003	動画作成	50,000
8							3001	メールフォーム（CGI）	8,000
9									

=VLOOKUP (A3,$G$3:$I$8,3,FALSE)

=VLOOKUP (A3,$G$3:$I$8,2,FALSE)

33

2 名前の定義

セル範囲に名前を定義して、関数の引数に利用できます。
シート「**顧客一覧**」のセル範囲【**A2：I16**】に「**顧客**」、シート「**商品一覧**」のセル範囲【**A2：E39**】に「**商品**」という名前を定義しましょう。

① シート「**顧客一覧**」のシート見出しをクリックします。
② セル範囲【**A2：I16**】を選択します。
③ 名前ボックスに「**顧客**」と入力し、 Enter を押します。

選択した範囲に名前が定義されます。

④ シート「**商品一覧**」のシート見出しをクリックします。
⑤ セル範囲【**A2：E39**】を選択します。
⑥ 名前ボックスに「**商品**」と入力し、 Enter を押します。

定義した名前を確認します。

⑦ 名前ボックスの ▼ をクリックします。

ブック内に定義されている名前の一覧が表示されます。

※シート「配送料一覧」のセル範囲【A2：B48】には、あらかじめ名前「配送料」が定義されています。
※確認後、 Esc を押して一覧を閉じておきましょう。

34

> **POINT 名前の編集と削除**
>
> 定義した名前は、名前を変更したり、セル範囲を変更したりできます。名前やセル範囲を変更すると、その名前を引用している関数に自動的に変更が反映されます。
> 名前を編集する方法は、次のとおりです。
> ◆《数式》タブ→《定義された名前》グループの （名前の管理）→一覧から名前を選択→《編集》
>
> また、不要になった名前は、削除できます。名前を削除する方法は、次のとおりです。
> ◆《数式》タブ→《定義された名前》グループの （名前の管理）→一覧から名前を選択→《削除》

3 顧客名の表示

VLOOKUP関数を使って、シート**「請求書」**のセル**【D5】**の顧客番号をもとに、セル**【D6】**に顧客名を表示する数式を入力しましょう。

※引数には名前「顧客」を使います。

●セル【D6】の数式

= VLOOKUP（$D$5,顧客,2,FALSE）
　　　　　　　　①

❶セル【D5】の顧客番号をもとに、名前「顧客」の1列目を検索して値が一致するとき、その行の左端列から2列目のデータを表示する

①シート**「請求書」**のシート見出しをクリックします。

②セル**【D6】**に「**=VLOOKUP($D$5,**」と入力します。

※数式をコピーするため、セル【D5】は常に同じセルを参照するように絶対参照にしておきます。
※絶対参照を指定するには、F4 を使用すると効率的です。

定義した名前を指定します。

③《**数式**》タブを選択します。

④《**定義された名前**》グループの （数式で使用）をクリックします。

⑤「**顧客**」をクリックします。

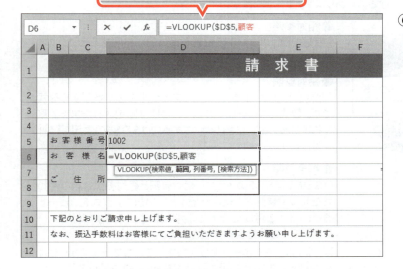

⑥数式バーに「=VLOOKUP($D$5,顧客」と表示されていることを確認します。

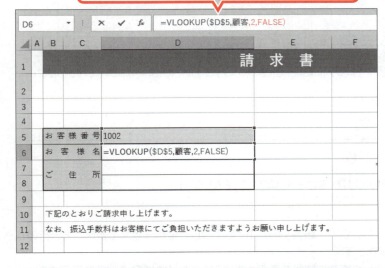

⑦続けて「,2,FALSE)」と入力します。
⑧数式バーに「=VLOOKUP($D$5,顧客,2,FALSE)」と表示されていることを確認します。

⑨ Enter を押します。
セル【D5】の顧客番号に該当する顧客名が表示されます。

POINT セル参照の種類

セル参照の種類には、次のようなものがあります。

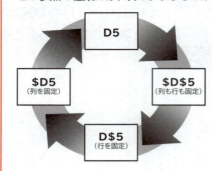

● 相対参照
「相対参照」は、セルの位置を相対的に参照する形式です。数式をコピーするとセルの参照は自動的に調整されます。

● 絶対参照
「絶対参照」は、特定の位置にあるセルを必ず参照する形式です。数式をコピーしてもセルの参照は固定されたまま調整されません。セルを絶対参照にするには$D$5のように「$」を付けます。

● 複合参照
D$5または$D5のように、相対参照と絶対参照を組み合わせたセルの参照を「複合参照」といいます。数式をコピーすると、「$」を付けた行または列は固定で、「$」が付いていない列または行は自動調整されます。

※「$」は、キーボードから入力することもできますが、セルを選択したあとに F4 （絶対参照キー）を続けて押すと、1回押すごとに図のように切り替わります。

4 エラーの非表示

セル【D5】の顧客番号が入力されていないと、セル【D6】にはエラー「#N/A」が表示されます。IF関数を使って、セル【D5】に顧客番号が入力されていないときは、何も表示されないようにしましょう。

● セル【D6】の数式

= IF ($D$5="" , "" , VLOOKUP ($D$5, 顧客, 2, FALSE))

 ❷
 ❶

❶ セル【D5】の顧客番号をもとに、名前「顧客」の1列目を検索して値が一致するとき、その行の左端列から2列目のデータを表示する
❷ セル【D5】の顧客番号が空データであれば何も表示せず、そうでなければ❶の結果を表示する

セル【D5】の顧客番号をクリアします。

① セル【D5】をクリックします。
② Delete を押します。

セル【D6】にエラー「#N/A」が表示されます。
※セル【D6】の左上に[　　　]（エラーインジケータ）が表示されます。

③セル【D6】の数式を「=IF($D$5="","",VLOOKUP($D$5,顧客,2,FALSE))」に修正します。
※数式をコピーするため、セル【D5】は常に同じセルを参照するように絶対参照にしておきます。

エラーが非表示になります。

POINT 数式の編集

数式を編集する方法には、次のような方法があります。
◆セルをダブルクリック
◆セルを選択→数式バーをクリック
◆セルを選択→ F2

POINT 数式のエラー

数式にエラーがあるかもしれない場合、数式を入力したセルに ◈（エラーチェック）とセル左上に[　　　]（エラーインジケータ）が表示されます。
◈（エラーチェック）をクリックすると表示される一覧から、エラーを確認したりエラーを対処したりできます。

STEP UP エラーの対処方法

セルに数式を入力すると、計算結果の代わりに「#VALUE!」や「#NAME?」などの「エラー値」が表示される場合があります。セルに表示されたエラー値の意味から、エラーの原因を探ることができます。
エラー値の意味と対処方法には、次のようなものがあります。

エラー値	意味	対処方法
#N/A	必要な値が入力されていない。	VLOOKUP関数やHLOOKUP関数などの引数「検索値」に指定している値が、適切な値であるかを確認する。
#DIV/0!	0または空白を除数にしている。	参照するセルを変更するか、除数として使われているセルに0以外の値を入力する。
#NAME?	認識できない関数名や名前が使用されている。	数式で使用している関数名や定義された名前が正しいかどうかを確認する。 または、引数に指定した文字列が「"（ダブルクォーテーション）」で囲まれているかを確認する。
#VALUE!	引数が不適切である。	引数が正しいか、数式で参照するセルの値が適切かを確認する。
#REF!	セル参照が無効である。	数式中のセル参照が正しく行われているか、参照先のセルを削除していないかなどを確認する。
#NUM!	引数が不適切であるか、計算結果が処理できない値である。	関数に正しい引数を指定しているかを確認する。
#NULL!	セル範囲を指定する参照演算子（「：（コロン）」や「，（カンマ）」など）が不適切であるか、指定したセル範囲が存在しない。	参照演算子を正しく使っているか（隣接する範囲を指定するための「：（コロン）」や、離れた範囲を指定するための「，（カンマ）」ではなく半角スペースなどが使われていないか）、または参照するセル範囲が正しいかを確認する。
#####	セルの幅が狭く、数値が表示しきれない。	列幅を広げる。
	日付や時刻の表示形式が設定されたセルに負の値が入力されている。	セルに設定されている書式を日付や時刻以外に変更する。

STEP UP IFNA関数

エラー「#N/A」を回避するには、「IFNA関数」を使うこともできます。

●IFNA関数

数式がエラー（#N/A）の場合は指定の値を返し、エラー（#N/A）でない場合は数式の結果を返します。

=IFNA（値, NAの場合の値）
　　　　　❶　　　❷

❶値
判断の基準となる数式を指定します。
❷NAの場合の値
数式の結果が#N/Aの場合に返す値を指定します。

例：
=IFNA（VLOOKUP（$D$5,顧客,2,FALSE）,""）

5 郵便番号の表示

セル【D6】の数式をセル【D7】にコピーして、郵便番号を表示する数式に編集しましょう。

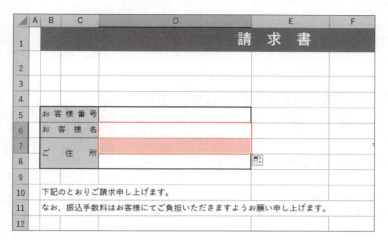

① セル【D6】を選択し、セル右下の■（フィルハンドル）をセル【D7】までドラッグします。

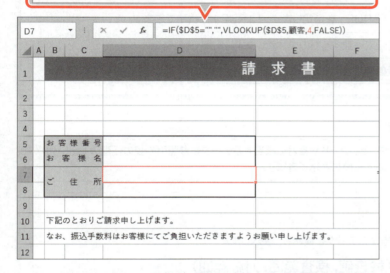

② セル【D7】の数式を「=IF($D$5="","",VLOOKUP($D$5,顧客,4,FALSE))」に修正します。

※郵便番号は名前「顧客」の左から4列目に入力されています。引数の「2」を「4」に修正します。

③ セル【D5】に「1002」と入力します。

郵便番号が表示されます。

STEP UP HLOOKUP関数

「HLOOKUP関数」を使うと、コードや番号をもとに参照用の表から該当するデータを検索し、表示できます。参照用の表のデータが横方向に入力されている場合に使います。

●HLOOKUP関数

参照用の表から該当するデータを検索し、表示します。

$$=HLOOKUP(\underset{❶}{検索値}, \underset{❷}{範囲}, \underset{❸}{行番号}, \underset{❹}{検索方法})$$

❶検索値
検索対象のコードや番号を入力するセルを指定します。

❷範囲
参照用の表のセル範囲を指定します。
参照用の表の上端行にキーとなるコードや番号を入力しておく必要があります。

❸行番号
セル範囲の何番目の行を参照するかを指定します。
上から「1」「2」・・・と数えて指定します。

❹検索方法
「FALSE」または「TRUE」を指定します。「TRUE」は省略できます。

FALSE	完全に一致するものを検索します。
TRUE	近似値を含めて検索します。

STEP UP LOOKUP関数

「LOOKUP関数」を使うと、コードや番号に該当するデータを参照用の表の任意の1行（1列）の検査範囲から検索し、対応する値を表示できます。

●LOOKUP関数

参照用の表から該当するデータを検索し、表示します。

$$=LOOKUP(\underset{❶}{検査値}, \underset{❷}{検査範囲}, \underset{❸}{対応範囲})$$

❶検査値
検索対象のコードや番号を入力するセルを指定します。

❷検査範囲
参照用の表の検査するセル範囲を指定します。
セル範囲は昇順に並べておく必要があります。

❸対応範囲
参照用の表の対応するセル範囲を指定します。
検査範囲と隣接している必要はありませんが、同じセルの数のセル範囲にする必要があります。

例：

> 商品コードを入力　　商品コードが一致した値と対応する小売価格を表示

=LOOKUP（B2,E5:E9,C5:C9）

	A	B	C	D	E
1		商品コード	小売価格		
2		1030	100		
3					
4		商品名	小売価格	仕入原価	商品コード
5		ボールペン（黒）	100	45	1010
6		ボールペン（赤）	100	45	1020
7		ボールペン（青）	100	45	1030
8		修正液（テープ型）	300	180	2010
9		修正液（ペン型）	250	140	2020
10					

2 都道府県名と住所の連結

シート**「顧客一覧」**から顧客番号に該当する都道府県と住所を検索し、検索した文字列を結合してひとつのセルに表示しましょう。また、顧客番号が入力されていないときは、何も表示されないようにします。

2019 CONCAT関数、VLOOKUP関数、IF関数を使います。 → *Virtical*

2016/2013 CONCATENATE関数、VLOOKUP関数、IF関数を使います。

HLOOKUP → Horizonal

1 CONCAT関数

「CONCAT関数」を使うと、引数で指定した複数の文字列を結合してひとつのセルに表示できます。

●CONCAT関数

複数の文字列を結合してひとつの文字列として表示します。

=CONCAT（テキスト1, テキスト2,・・・）
❶

❶テキスト
文字列またはセルを指定します。
文字列は結合する順番に指定し、「,（カンマ）」で区切って最大255個まで指定できます。

例：
「姓」と「名」の文字列を、間に全角空白を入れてひとつのセルに表示します。

D2	▼	× ✓ fx	=CONCAT(B2," ",C2)			
A	B	C	D	E	F	G
1	姓	名	氏名			
2	富士	通子	富士 通子			
3	田中	太郎	田中 太郎			
4	佐藤	花子	佐藤 花子			

=CONCAT（A2,"□",B2）
※□は全角空白を表します。

👉POINT CONCATENATE関数

CONCAT関数に対応していないバージョンの場合は、「CONCATENATE関数」を使って、文字列を結合できます。

●CONCATENATE関数

複数の文字列を結合してひとつの文字列として表示します。

=CONCATENATE（文字列1, 文字列2,・・・）
❶

❶文字列
文字列またはセルを指定します。
文字列は結合する順番に指定し、「,（カンマ）」で区切って最大255個まで指定できます。

42

2 都道府県名と住所の文字列を連結して表示

CONCAT関数を使って、セル【D8】にVLOOKUP関数で検索した都道府県と住所の文字列を結合して表示する数式を入力しましょう。また、IF関数を使って、セル【D5】に顧客番号が入力されていないときは、何も表示されないようにします。

※引数には名前「顧客」を使います。

●セル【D8】の数式

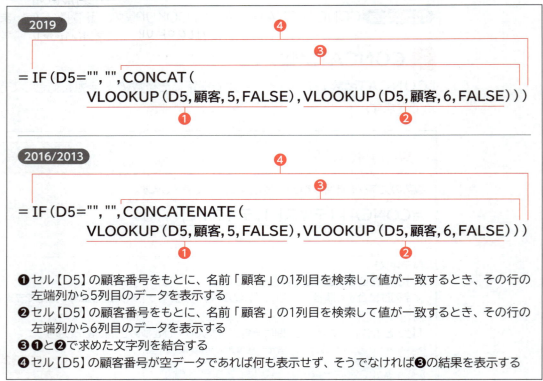

❶ セル【D5】の顧客番号をもとに、名前「顧客」の1列目を検索して値が一致するとき、その行の左端列から5列目のデータを表示する
❷ セル【D5】の顧客番号をもとに、名前「顧客」の1列目を検索して値が一致するとき、その行の左端列から6列目のデータを表示する
❸ ❶と❷で求めた文字列を結合する
❹ セル【D5】の顧客番号が空データであれば何も表示せず、そうでなければ❸の結果を表示する

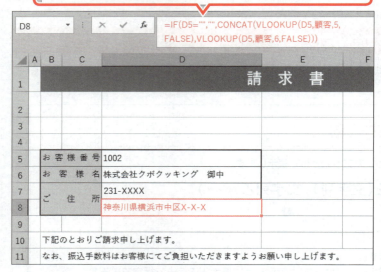

① **2019**
セル【D8】に「=IF(D5="","",CONCAT(VLOOKUP(D5,顧客,5,FALSE),VLOOKUP(D5,顧客,6,FALSE)))」と入力します。

2016/2013
セル【D8】に「=IF(D5="","",CONCATENATE(VLOOKUP(D5,顧客,5,FALSE),VLOOKUP(D5,顧客,6,FALSE)))」と入力します。

※都道府県は名前「顧客」の左から5列目、住所は左から6列目に入力されています。
※名前「顧客」は直接入力してもかまいません。

STEP UP 文字列演算子

複数の文字列を結合する場合、CONCAT関数やCONCATENATE関数の代わりに、文字列演算子「&（アンパサンド）」を使うこともできます。
「&」を使うと、セル【D8】の数式は「=IF(D5="","",VLOOKUP(D5,顧客,5,FALSE)&VLOOKUP(D5,顧客,6,FALSE))」になります。

Let's Try ためしてみよう

	A	B	C	D
4				
5	お客様番号			1002
6	お客様名			株式会社クボクッキング　御中
7	ご住所			〒231-XXXX
8				神奈川県横浜市中区X-X-X
9				

①セル【D6】の数式を、顧客名と文字列「□御中」を結合して表示するように編集しましょう。
※□は全角空白を表します。

②セル【D7】の数式を、文字列「〒」とセル【D7】の郵便番号を結合して表示するように編集しましょう。

Let's Try Answer

①
2019
セル【D6】の数式を「=IF($D$5="","",CONCAT(VLOOKUP($D$5,顧客,2,FALSE),"□御中"))」に修正
2016/2013
セル【D6】の数式を「=IF($D$5="","",CONCATENATE(VLOOKUP($D$5,顧客,2,FALSE),"□御中"))」に修正
※□は全角空白を表します。

②
2019
セル【D7】の数式を「=IF($D$5="","",CONCAT("〒",VLOOKUP($D$5,顧客,4,FALSE)))」に修正
2016/2013
セル【D7】の数式を「=IF($D$5="","",CONCATENATE("〒",VLOOKUP($D$5,顧客,4,FALSE)))」に修正
※「〒」は「ゆうびん」と入力して変換します。

3 商品情報の参照

VLOOKUP関数を使って、C列に型番を入力すると、D～F列に商品名、仕様、単価を表示する数式を入力しましょう。また、IF関数を使って、型番が入力されていないときは、何も表示されないようにします。

※引数には名前「商品」を使います。
※仕様と単価を表示する数式は、商品名を表示する数式をコピーして編集します。

●セル【D18】の数式

```
      ❷
= IF ( $C18="","",VLOOKUP ( $C18,商品,2,FALSE ) )
                    ❶
```

❶ セル【C18】の型番をもとに、名前「商品」の1列目を検索して値が一致するとき、その行の左端列から2列目のデータを表示する
❷ セル【C18】の型番が空データであれば何も表示せず、そうでなければ❶の結果を表示する

①セル【D18】に「=IF($C18="","",VLOOKUP($C18,商品,2,FALSE))」と入力します。
※数式をコピーするため、セル【C18】は列を常に固定するように複合参照にしておきます。

D18		× ✓ fx	=IF($C18="","",VLOOKUP($C18,商品,2,FALSE))			
	A	B	C	D	E	F
16		【明細】				
17		No.	型番	商品名	仕様	単価
18		1	H-102	プラスチックまな板		
19		2	S-112			
20		3	S-108			
21						

②セル【D18】を選択し、セル右下の■（フィルハンドル）をセル【F18】までドラッグします。

数式がコピーされ、(オートフィルオプション)が表示されます。

③ (オートフィルオプション)をクリックします。

※ をポイントすると、 になります。

④《書式なしコピー（フィル）》をクリックします。

※コピー先のF列の単価に3桁区切りカンマの表示形式が設定されているため、書式以外をコピーします。

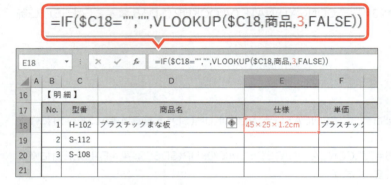

⑤セル【E18】の数式を「=IF($C18="","",VLOOKUP($C18,商品,3,FALSE))」に修正します。

※仕様は名前「商品」の左から3列目に入力されています。引数の「2」を「3」に修正します。

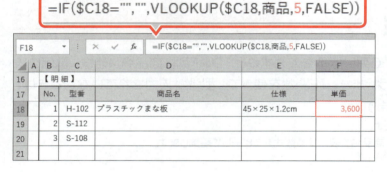

⑥セル【F18】の数式を「=IF($C18="","",VLOOKUP($C18,商品,5,FALSE))」に修正します。

※単価は名前「商品」の左から5列目に入力されている会員価格を参照します。引数の「2」を「5」に修正します。

※セル【F18】には、あらかじめ3桁区切りカンマの表示形式が設定されています。

⑦セル範囲【D18：F18】を選択し、セル範囲右下の■（フィルハンドル）をダブルクリックします。

数式がコピーされます。

Step 7 総額を計算する

1 金額の算出

H列の金額を求める数式を入力しましょう。金額は「**単価×数量**」で求められます。また、IF関数を使って、G列の数量が入力されていないときは、何も表示されないようにします。

●セル【H18】の数式

= IF (G18="","",F18*G18)

❶セル【F18】の単価とセル【G18】の数量をかける
❷セル【G18】の数量が空データであれば何も表示せず、そうでなければ❶の結果を表示する

①セル【H18】に「=IF (G18="","",F18*G18)」と入力します。
※セル【H18】には、あらかじめ3桁区切りカンマの表示形式が設定されています。
②セル【H18】を選択し、セル右下の■（フィルハンドル）をセル【H32】までドラッグします。
数式がコピーされます。

数量を入力します。
③セル【G20】に「2」と入力します。
セル【H20】に金額が表示されます。

46

2 本体合計金額と割引後金額の算出

本体合計金額と割引後金額を求めましょう。
SUM関数を使います。

1 SUM関数

「SUM関数」を使うと、合計が求められます。
Σ（合計）を使うと、自動的にSUM関数が入力され、簡単に合計を求めることができます。

●SUM関数

引数に含まれる数値を合計します。

　＝SUM（数値1, 数値2, ・・・）
　　　　　　❶

❶数値
合計する対象のセル、セル範囲、数値などを指定します。最大255個まで指定できます。

例：
=SUM（A1:A10）
=SUM（A5,A10,A15）
=SUM（A1:A10,A22）

※引数の「：（コロン）」は連続したセル、「，（カンマ）」は離れたセルを表します。

---

2 本体合計金額の算出

Σ（合計）を使って、セル【H33】に本体合計金額を求める数式を入力しましょう。

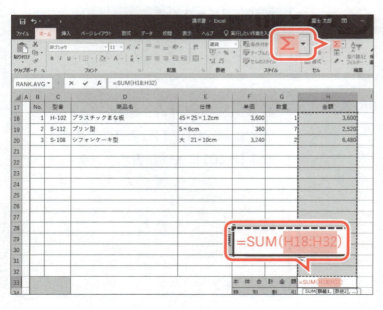

①セル【H33】をクリックします。
②《ホーム》タブを選択します。
③《編集》グループのΣ（合計）をクリックします。
④数式が「=SUM（H18：H32）」になっていることを確認します。

※セル範囲が表示されない場合は、セル範囲【H18：H32】を選択します。

	A	B	C	D	E	F	G	H
18		1	H-102	プラスチックまな板	45×25×1.2cm	3,600	1	3,600
19		2	S-112	プリン型	5×6cm	360	7	2,520
20		3	S-108	シフォンケーキ型	大 21×10cm	3,240	2	6,480
21								
33						本体合計金額		12,600
34						特別割引		
35						割引後金額		

⑤ Enter を押します。

※ Σ（合計）を再度クリックして確定することもできます。

本体合計金額が表示されます。

※セル【H33】には、あらかじめ3桁区切りカンマの表示形式が設定されています。

3 割引後金額の算出

Σ（合計）を使って、セル【H35】に割引後金額を求める数式を入力しましょう。

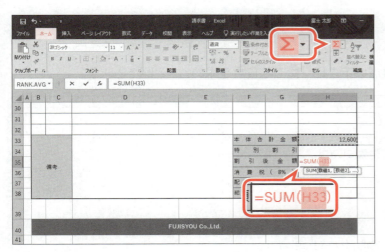

①セル【H35】をクリックします。
②《ホーム》タブを選択します。
③《編集》グループの Σ（合計）をクリックします。
④数式が「=SUM(H33)」になっていることを確認します。

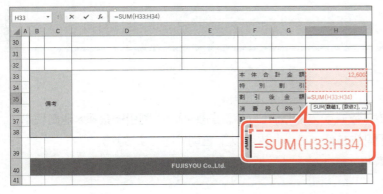

⑤セル範囲【H33:H34】を選択します。
⑥数式が「=SUM(H33:H34)」になっていることを確認します。

⑦ Enter を押します。

※ Σ（合計）を再度クリックして確定することもできます。

割引後金額が表示されます。

※セル【H35】には、あらかじめ3桁区切りカンマの表示形式が設定されています。

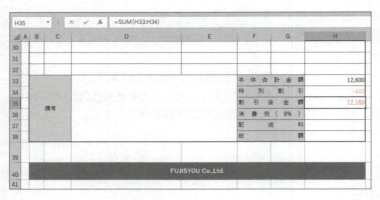

特別割引を入力します。

⑧セル【H34】に「-440」と入力します。

※セル【H34】には、あらかじめ3桁区切りカンマの表示形式が設定されています。マイナス値を入力すると赤字で表示されます。

割引後金額が変更されます。

3 消費税の算出

消費税を求め、小数点以下の端数を切り捨てます。
INT関数を使います。

1 INT関数

「INT関数」を使うと、小数点以下を切り捨てた整数を求めることができます。

●INT関数

数値の小数点以下を切り捨てて整数にします。

=INT(**数値**)
　　　　❶

❶数値
小数点以下を切り捨てる数値、数式、セルを指定します。

例：
=INT(105.21) →105

---

2 消費税の算出

セル【H36】に消費税を求める数式を入力しましょう。消費税は「**割引後金額×消費税率**」で求められます。また、INT関数を使って、小数点以下を切り捨てましょう。

※消費税率はセル【G36】を使います。

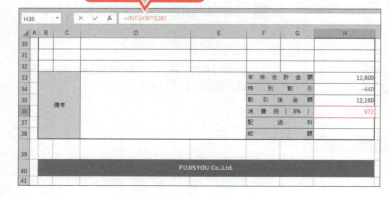

①セル【H36】に「=INT(H35*G36)」と入力します。

※セル【G36】には、あらかじめ「"("0%")"」の表示形式が設定されています。

消費税が表示されます。

4 配送料の表示

VLOOKUP関数を使って、セル【H37】にセル【D5】の顧客番号に該当する配送料をシート「**顧客一覧**」から表示しましょう。なお、本体合計金額が10,000円以上の場合、配送料は無料とするので「**0**」が表示されるようにします。

※引数には名前「顧客」を使います。
※シート「顧客一覧」の配送料には、あらかじめシート「配送料一覧」から都道府県に該当する配送料を表示するVLOOKUP関数が設定されています。

●セル【H37】の数式

= IF (H33 >= 10000 , 0 , VLOOKUP (D5 , 顧客 , 8 , FALSE))

❶ セル【D5】の顧客番号をもとに、名前「顧客」の1列目を検索して値が一致するとき、その行の左端列から8列目のデータを表示する
❷ セル【H33】の本体合計金額が10000以上であれば「0」を表示し、そうでなければ❶の結果を表示する

=IF(H33>=10000,0,VLOOKUP(D5,顧客,8,FALSE))

①セル【H37】に「=IF(H33>=10000,0,VLOOKUP(D5,顧客,8,FALSE))」と入力します。

本体合計金額を10,000円未満に変更して配送料が変更されることを確認します。

②セル【G20】を「1」に修正します。

セル【H37】の配送料が変更されます。

Let's Try ためしてみよう

①セル【H37】の配送料の数式を、セル【D5】に顧客番号が入力されていないときは、何も表示されないように編集しましょう。

②セル【D33】の備考に、本体合計金額に応じて次のように表示する数式を入力しましょう。

> ・10,000円以上の場合は「一万円以上お買い上げの場合は、配送料は弊社にて負担いたします。」を表示
> ・10,000円未満の場合は何も表示しない

また、セル【G20】の「数量」を「2」に修正して文字列が表示されることを確認しましょう。

	A	B	C	D	E	F	G	H
16			【明細】					
17		No.	型番	商品名	仕様	単価	数量	金額
18		1	H-102	プラスチックまな板	45×25×1.2cm	3,600	1	3,600
19		2	S-112	プリン型	5×6cm	360	7	2,520
20		3	S-108	シフォンケーキ型	大 21×10cm	3,240	2	6,480
21								
22-32								
33			備考	一万円以上お買い上げの場合は、配送料は弊社にて負担いたします。		本体合計金額		12,600
34						特別割引		-440
35						割引後金額		12,160
36						消費税（8%）		972
37						配送料		0
38						総額		
39								

①

①セル【H37】の数式を「=IF(D5="","",IF(H33>=10000,0,VLOOKUP(D5,顧客,8,FALSE)))」に修正

②

①セル【D33】に「=IF(H33>=10000,"一万円以上お買い上げの場合は、配送料は弊社にて負担いたします。","")」と入力

②セル【G20】に「2」と入力

5 総額の算出

Σ（合計）を使って、セル【H38】に総額を求める数式を入力しましょう。

① セル【H38】をクリックします。
② 《ホーム》タブを選択します。
③ 《編集》グループの Σ（合計）をクリックします。
④ 数式が「=SUM(H36:H37)」になっていることを確認します。

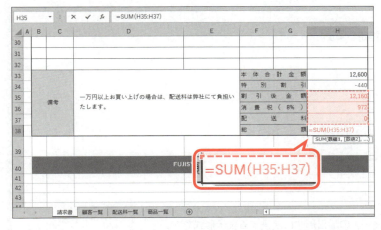

⑤ セル範囲【H35:H37】を選択します。
⑥ 数式が「=SUM(H35:H37)」になっていることを確認します。

⑦ Enter を押します。
※ Σ（合計）を再度クリックして確定することもできます。
総額が表示されます。
※ セル【H38】には、あらかじめ3桁区切りカンマの表示形式が設定されています。

Step 8 請求金額と支払期日を表示する

1 請求金額の表示

セル【H38】の総額を請求金額としてセル【B13】に表示しましょう。なお、請求金額は「ご請求金額（税込）　金〇，〇〇〇円也」と全角の文字列で表示します。
TEXT関数とJIS関数を使います。

1 TEXT関数

「TEXT関数」を使うと、数値に表示形式の書式を設定し、文字列に変換します。

●TEXT関数

数値を書式設定した文字列に変換します。

＝TEXT（値, 表示形式）
　　　　❶　　❷

❶値
文字列に変換する数値やセルを指定します。
❷表示形式
表示形式を指定します。

例：
日付を曜日に変換します。

	A	B	C	D	E
1	日付	曜日			
2	2019/8/1	木			
3	2019/8/2	金			
4					

※「aaa」は日付を「日、月、火…」の曜日形式に変換する表示形式です。

---

2 表示形式の設定

TEXT関数を使って、セル【B13】にセル【H38】の数値を「ご請求金額（税込）　金〇，〇〇〇円也」と表示する数式を入力しましょう。

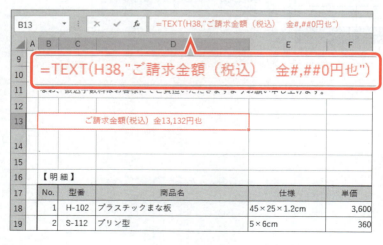

①セル【B13】に「＝TEXT(H38,"ご請求金額（税込）□金#,##0円也")」と入力します。
※□は全角空白を表します。

POINT　TEXT関数の計算結果

TEXT関数を使うと、文字列に変換されるため、その結果を計算に使うことはできません。

3 JIS関数

「JIS関数」を使うと、半角の文字列を全角の文字列に変換します。

> ●JIS関数
>
> 半角の文字列を全角の文字列に変換します。
>
> =JIS(文字列)
>   ❶
>
> ❶文字列
> 全角にする文字列またはセルを指定します。
>
> 例：
> セル【A1】に半角で「EXCEL」と入力されている場合
> =JIS(A1)→ＥＸＣＥＬ

4 全角文字列への変換

JIS関数を使って、セル【B13】を全角で表示する数式に編集しましょう。

●セル【B13】の数式

= JIS(TEXT(H38,"ご請求金額（税込）　金#,##0円也"))

❶セル【H38】の数値を「ご請求金額（税込）　金#,##0円也」という表示形式にし、文字列に変換する
❷❶の文字列を全角で表示する

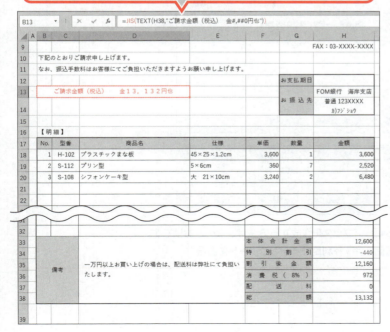

①セル【B13】の数式を「=JIS(TEXT(H38,"ご請求金額（税込）□金#,##0円也"))」に修正します。

※□は全角空白を表します。

全角で表示されます。

2 支払期日の入力

セル【H12】に、セル【H3】の請求書発行日から7日後の日付を表示する数式を入力しましょう。7日後の日付は「**請求書発行日+7**」で求められます。

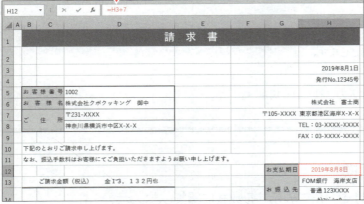

①セル【H12】に「**＝H3+7**」と入力します。
7日後の日付が表示されます。
※数式で参照しているセル【H3】と同じ日付の表示形式が設定されます。
※ブックに任意の名前を付けて保存し、閉じておきましょう。

POINT テンプレートとして保存

「テンプレート」とはブックのひな形のことです。ブックにあらかじめ数式や書式を設定しておき、一部のデータを入力するだけで繰り返し利用できるようにしたものです。頻繁に利用する定型の表は、テンプレートとして保存しておくと便利です。

テンプレートとして保存する方法は、次のとおりです。

◆《ファイル》タブ→《エクスポート》→《ファイルの種類の変更》→《ブックファイルの種類》の《テンプレート》→《名前を付けて保存》→《ドキュメント》→《Officeのカスタムテンプレート》→《開く》→《ファイル名》を入力→《保存》

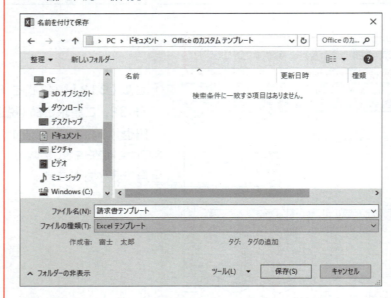

また、保存したテンプレートから新しいブックを作成する方法は、次のとおりです。
◆《ファイル》タブ→《新規》→《個人用》→利用するテンプレートを選択

第3章

売上データの集計

Step1	事例と処理の流れを確認する	57
Step2	外部データを取り込む	62
Step3	商品別の売上集計表を作成する	71
Step4	商品カテゴリー別の売上集計表を作成する	78
Step5	商品カテゴリー・カラー別の売上集計表を作成する	85

Step1 事例と処理の流れを確認する

1 事例

具体的な事例をもとに、どのように売上データを集計するのかを確認しましょう。

●事例

バッグを販売する小売業者において、POSシステムに蓄積されている売上データを効率的に集計して、集計結果を分析したいと考えています。
店舗別に集計して売上成績が良い店舗や悪い店舗を明らかにしたり、商品別に集計して売れている商品や売れていない商品を見極めたりして、今後の商品の仕入れや販売計画に役立てることを検討しています。

> **POINT** POSシステム
>
> 「Point Of Sales system」の略で、日本語では「販売時点情報管理システム」といいます。
> 店舗のレジ（POSレジスター）で、商品の販売と同時に商品名、数量、金額などの商品の情報をバーコードリーダーなどの読み取り装置で収集し、情報を分析して在庫管理や販売動向の把握に役立てるシステムです。

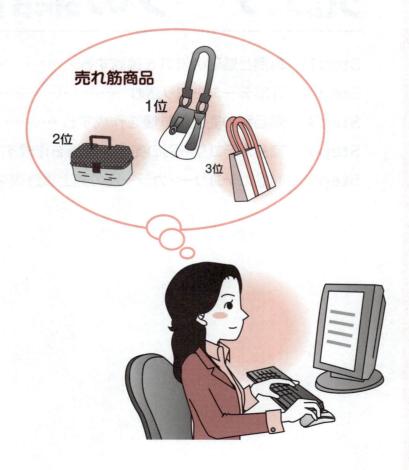

2 処理の流れ

POSシステムから必要な売上データをテキスト形式やCSV形式のテキストファイルで抽出し、用意します。テキストファイルは、Excelにそのまま取り込むことができます。
Excelにテキストファイルを取り込み、取り込んだ売上データを、関数を使って集計します。

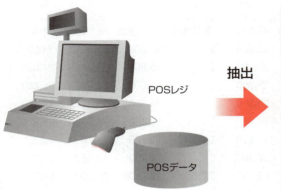
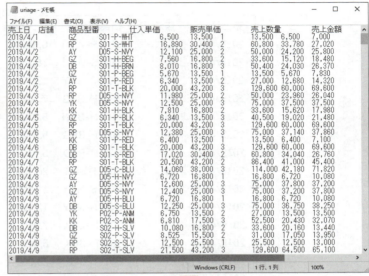

POINT テキストファイル

テキストファイルは、文字だけで構成されたファイルです。文字列をタブで区切ったテキスト形式や「,(カンマ)」で区切ったCSV形式などがあります。

1 売上データの確認

Excelに取り込むPOSシステムの売上データを確認しましょう。
売上明細が1件1行に配置され、項目ごとにタブで区切られたテキストファイルです。

●テキストファイル「uriage」

❶売上日	❷店舗	❸商品型番	❹仕入単価	❺販売単価	❻売上数量	❼売上金額	❽売上原価	❾粗利
2019/4/1	GZ	S01-P-WHT	6,500	13,500	1	13,500	6,500	7,000
2019/4/1	RP	S01-S-WHT	16,890	30,400	2	60,800	33,780	27,020
2019/4/2	AY	D05-S-NVY	12,100	25,000	2	50,000	24,200	25,800
2019/4/2	GZ	S01-H-BEG	7,560	16,800	2	33,600	15,120	18,480
2019/4/2	DB	S01-H-BRN	8,010	16,800	3	50,400	24,030	26,370
2019/4/2	GZ	S01-P-BEG	5,670	13,500	1	13,500	5,670	7,830
2019/4/2	AY	S01-P-RED	6,340	13,500	2	27,000	12,680	14,320
2019/4/2	RP	S01-T-BLK	20,000	43,200	3	129,600	60,000	69,600
2019/4/3	RP	D05-S-NVY	11,980	25,000	2	50,000	23,960	26,040
2019/4/3	YK	D05-S-NVY	12,500	25,000	3	75,000	37,500	37,500
2019/4/4	KK	S01-H-BLK	7,810	16,800	2	33,600	15,620	17,980
2019/4/5	GZ	S01-P-BLK	6,340	13,500	3	40,500	19,020	21,480
2019/4/5	RP	S01-T-BLK	20,000	43,200	3	129,600	60,000	69,600
2019/4/6	RP	D05-S-NVY	12,380	25,000	3	75,000	37,140	37,860
2019/4/6	KK	S01-P-RED	6,400	13,500	1	13,500	6,400	7,100
2019/4/6	DB	S01-T-BLK	20,000	43,200	3	129,600	60,000	69,600
2019/4/7	DB	S01-S-RED	17,020	30,400	2	60,800	34,040	26,760
2019/4/7	RP	S01-T-BLK	20,500	43,200	2	86,400	41,000	45,400

❶売上日
売上を計上した日付を表しています。

❷店舗
売上を計上した店舗を表しています。

❸商品型番
販売した商品の型番を表しています。
商品型番からどの商品が売れたかがわかります。

❹仕入単価
商品1点あたりの仕入価格を表しています。
仕入時期や仕入個数によって、仕入単価が変動することがあるので、同じ型番の商品であっても仕入単価が異なることがあります。

❺販売単価
商品1点あたりの販売価格を表しています。
原価に一定の利益を上乗せして販売単価を設定していますが、商品を値引きして販売することがあるので、同じ型番の商品であっても販売単価が異なることがあります。

❻売上数量
商品を販売した数量を表しています。

❼売上金額
商品を販売して得られた代金の総額を表しています。
ここでは、「**販売単価×売上数量**」が売上金額になります。
※売上金額は、「売上高」ともいいます。

❽売上原価
売上金額に対する原価を表しています。
ここでは、「**仕入単価×売上数量**」が売上原価になります。

❾粗利
売上金額から売上原価を引いた金額を表しています。
※粗利は、「粗利益」「売上総利益」ともいいます。

2 作成する売上集計表の確認

Excelに取り込んだ売上データをもとに、次のような売上集計表を作成しましょう。

●商品別売上集計表（シート「商品別」）

型番ごと、つまり、商品ごとに売上数量、売上金額、売上原価、粗利を集計します。
売上数量を基準に順位を求めて、売れ筋商品を把握します。
商品ごとに粗利率を算出し、どの商品の粗利率が高いかを分析します。

商品型番ごとに、売上数量を合計する
商品型番ごとに、売上金額を合計する
商品型番ごとに、売上原価を合計する

商品型番	商品名	売上数量	売上金額	売上原価	粗利	粗利率	順位
D05-C-BLU	デニムカジュアル・キャリーカートバッグ・ブルー	30	¥1,140,000	¥422,860	¥717,140	63%	20
D05-C-NVY	デニムカジュアル・キャリーカートバッグ・ネイビー	54	¥2,052,000	¥760,420	¥1,291,580	63%	2
D05-H-BLU	デニムカジュアル・ハンドバッグ・ブルー	36	¥604,800	¥237,520	¥367,280	61%	10
D05-H-NVY	デニムカジュアル・ハンドバッグ・ネイビー	29	¥487,200	¥189,140	¥298,060	61%	23
D05-S-BLU	デニムカジュアル・ショルダーバッグ・ブルー	51	¥1,275,000	¥629,230	¥645,770	51%	3
D05-S-NVY	デニムカジュアル・ショルダーバッグ・ネイビー	44	¥1,100,000	¥544,230	¥555,770	51%	6
P01-P-FLR	プリティフラワー・パース・フラワー	49	¥725,000	¥285,500	¥439,500	61%	4
P01-S-FLR	プリティフラワー・ショルダーバッグ・フラワー	37	¥647,500	¥269,500	¥378,000	58%	9
P02-P-ANM	プリティアニマル・パース・アニマル	25	¥337,500	¥174,540	¥162,960	48%	33
P02-S-ANM	プリティアニマル・ショルダーバッグ・アニマル	32	¥560,000	¥221,150	¥338,850	61%	17
S01-H-BEG	スタイリシュレザー・ハンドバッグ・ベージュ	34	¥571,200	¥263,840	¥307,360	54%	12
S01-H-BLK	スタイリシュレザー・ハンドバッグ・ブラック	28	¥470,400	¥217,030	¥253,370	54%	28
S01-H-BRN	スタイリシュレザー・ハンドバッグ・ブラウン	35	¥588,000	¥271,210	¥316,790	54%	11
S01-H-RED	スタイリシュレザー・ハンドバッグ・レッド	28	¥470,400	¥216,540	¥253,860	54%	28
S01-H-WHT	スタイリシュレザー・ハンドバッグ・ホワイト	33	¥554,400	¥257,440	¥296,960	54%	15
S01-P-BEG	スタイリシュレザー・パース・ベージュ	29	¥391,500	¥182,100	¥209,400	53%	23
S01-P-BLK	スタイリシュレザー・パース・ブラック	47	¥634,500	¥299,130	¥335,370	53%	5
S01-P-BRN	スタイリシュレザー・パース・ブラウン	26	¥351,000	¥164,970	¥186,030	53%	31
S01-P-RED	スタイリシュレザー・パース・レッド	42	¥567,000	¥268,800	¥298,200	53%	7
S01-P-WHT	スタイリシュレザー・パース・ホワイト	34	¥459,000	¥217,130	¥241,870	53%	12
S01-S-BEG	スタイリシュレザー・ショルダーバッグ・ベージュ	29	¥881,600	¥494,944	¥386,656	44%	23
S01-S-BLK	スタイリシュレザー・ショルダーバッグ・ブラック	73	¥2,219,200	¥803,500	¥1,415,700	64%	1
S01-S-BRN	スタイリシュレザー・ショルダーバッグ・ブラウン	27	¥820,800	¥461,208	¥359,592	44%	30
S01-S-RED	スタイリシュレザー・ショルダーバッグ・レッド	42	¥1,276,800	¥719,664	¥557,136	44%	7
S01-S-WHT	スタイリシュレザー・ショルダーバッグ・ホワイト	33	¥1,003,200	¥564,198	¥439,002	44%	15
S01-T-BEG	スタイリシュレザー・トラベルボストンバッグ・ベージュ	29	¥1,252,800	¥597,500	¥655,300	52%	23
S01-T-BLK	スタイリシュレザー・トラベルボストンバッグ・ブラック	34	¥1,468,800	¥687,000	¥781,800	53%	12
S01-T-BRN	スタイリシュレザー・トラベルボストンバッグ・ブラウン	26	¥1,123,200	¥494,500	¥628,700	56%	31
S01-T-RED	スタイリシュレザー・トラベルボストンバッグ・レッド	29	¥1,252,800	¥597,000	¥655,800	52%	23
S02-H-SLV	スタイリシュレザークール・ハンドバッグ・シルバー	32	¥537,600	¥316,380	¥221,220	41%	17
S02-P-SLV	スタイリシュレザークール・パース・シルバー	30	¥465,000	¥270,580	¥194,420	42%	20
S02-S-SLV	スタイリシュレザークール・ショルダーバッグ・シルバー	31	¥790,500	¥396,000	¥394,500	50%	19
S02-T-SLV	スタイリシュレザークール・トラベルボストンバッグ・シルバー	30	¥1,296,000	¥612,000	¥684,000	53%	20

売上データ　商品別　店舗別　商品カテゴリー別　カラー別　シリーズ別　商品カテゴリー・カラー別　店舗・月別

商品型番ごとに、粗利を合計する
商品型番ごとに、粗利率を算出する
売上数量の多い順に、順位を付ける

👆POINT　粗利率

粗利率とは、売上金額に対する粗利の比率を表し、「売上総利益率」ともいいます。
「粗利÷売上金額」で求められます。

●商品カテゴリー別売上集計表（シート「商品カテゴリー別」）

商品カテゴリーごとに売上数量、売上金額、売上原価、粗利を集計します。
商品カテゴリーは商品型番から識別します。

商品カテゴリーごとに、売上数量を合計する

商品カテゴリーごとに、売上金額を合計する

	A	B	C	D	E	F	G	H
1		商品カテゴリー別売上集計表						
2		商品カテゴリー	商品カテゴリー名	売上数量	売上金額	売上原価	粗利	
3		C	キャリーカートバッグ	84	¥3,192,000	¥1,183,280	¥2,008,720	
4		T	トラベルボストンバッグ	148	¥6,393,600	¥2,988,000	¥3,405,600	
5		S	ショルダーバッグ	399	¥10,574,600	¥5,103,624	¥5,470,976	
6		H	ハンドバッグ	255	¥4,284,000	¥1,969,100	¥2,314,900	
7		P	パース	282	¥3,930,500	¥1,862,750	¥2,067,750	
8								
9								
10								

売上データ　商品別　店舗別　商品カテゴリー別　カラー別　シリーズ別　商品カテゴリー・カラー別　店舗・月別

商品カテゴリーごとに、売上原価を合計する

商品カテゴリーごとに、粗利を合計する

●商品カテゴリー・カラー別売上集計表（シート「商品カテゴリー・カラー別」）

商品カテゴリーとカラー別の売上金額を集計します。
どのカテゴリーの、どの色の商品が売れているかを分析できます。

商品カテゴリー・カラー別に売上金額を合計する

	A	B	C	D (C)	E (T)	F (S)	G (H)	H (P)	I
1		商品カテゴリー・カラー別売上集計表							
2		商品カテゴリー		キャリーカート バッグ	トラベルボストン バッグ	ショルダー バッグ	ハンドバッグ	パース	合計
3		カラー							
4		WHT	ホワイト	¥0	¥0	¥1,003,200	¥554,400	¥459,000	¥2,016,600
5		BEG	ベージュ	¥0	¥1,252,800	¥881,600	¥571,200	¥391,500	¥3,097,100
6		BRN	ブラウン	¥0	¥1,123,200	¥820,800	¥588,000	¥351,000	¥2,883,000
7		BLK	ブラック	¥0	¥1,468,800	¥2,219,200	¥470,400	¥634,500	¥4,792,900
8		RED	レッド	¥0	¥1,252,800	¥1,276,800	¥470,400	¥567,000	¥3,567,000
9		NVY	ネイビー	¥2,052,000	¥0	¥1,100,000	¥487,200	¥0	¥3,639,200
10		BLU	ブルー	¥1,140,000	¥0	¥1,275,000	¥604,800	¥0	¥3,019,800
11		SLV	シルバー	¥0	¥1,296,000	¥790,500	¥537,600	¥465,000	¥3,089,100
12		ANM	アニマル	¥0	¥0	¥560,000	¥0	¥337,500	¥897,500
13		FLR	フラワー	¥0	¥0	¥647,500	¥0	¥725,000	¥1,372,500
14		合計		¥3,192,000	¥6,393,600	¥10,574,600	¥4,284,000	¥3,930,500	¥28,374,700
15									
16									

売上データ　商品別　店舗別　商品カテゴリー別　カラー別　シリーズ別　商品カテゴリー・カラー別　店舗・月別

Step2 外部データを取り込む

1 外部データの活用

テキストファイルのデータやAccessなどのほかのアプリケーションソフトで作成したデータをExcelに取り込むことができます。
取り込んだデータはExcelのデータとして計算や集計に活用できます。

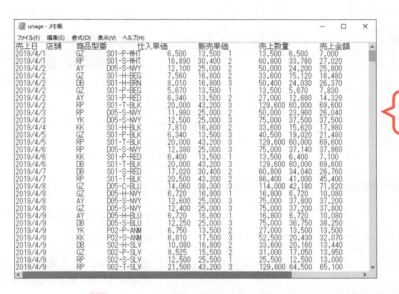

取り込み元テキストファイル

取り込み先Excelのシート

2 外部データの取り込み　　2019

テキストファイル「uriage」のデータをシート「売上データ」に取り込みましょう。

 フォルダー「第3章」のブック「売上集計」のシート「売上データ」を開いておきましょう。

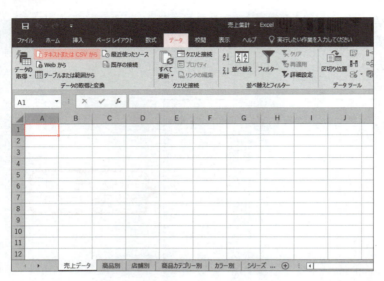

外部データの取り込み開始する位置を指定します。

①セル【A1】をクリックします。
②《データ》タブを選択します。
③《データの取得と変換》グループの ■テキストまたはCSVから（テキストまたはCSVから）をクリックします。

《データの取り込み》ダイアログボックスが表示されます。

④フォルダー「第3章」を開きます。
※《PC》→《ドキュメント》→「Excel2019／2016／2013関数テクニック」→「第3章」を選択します。
⑤一覧から「uriage」を選択します。
⑥《インポート》をクリックします。

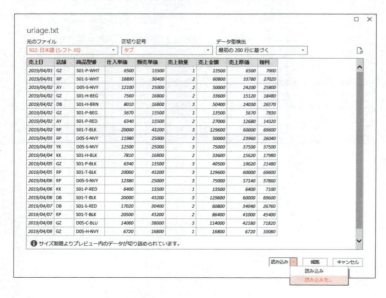

テキストファイル「uriage」の内容が表示されます。

⑦《元のファイル》が《932：日本語（シフトJIS）》になっていることを確認します。
⑧《区切り記号》が《タブ》になっていることを確認します。
⑨《読み込み》の▼をクリックします。
⑩《読み込み先》をクリックします。

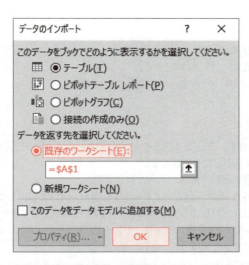

《データのインポート》ダイアログボックスが表示されます。

⑪《既存のワークシート》を◉にします。
⑫「＝$A$1」と表示されていることを確認します。
⑬《OK》をクリックします。

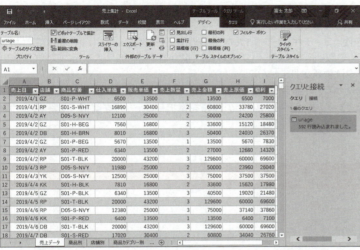

データがテーブルとして取り込まれます。
※リボンに《デザイン》タブと《クエリ》タブが表示され、自動的に《デザイン》タブに切り替わります。
※《クエリと接続》作業ウィンドウが表示されます。作業ウィンドウを閉じておきましょう。

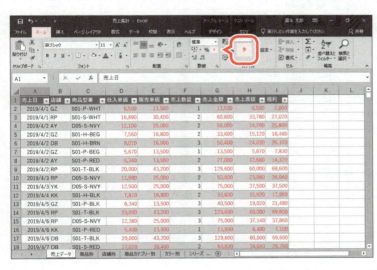

金額のデータに3桁区切りカンマを設定します。
⑭セル範囲【D2：E593】を選択します。
※セル【D2：E2】を選択し、[Ctrl]+[Shift]を押しながら[↓]を押すと効率よく選択できます。
⑮《ホーム》タブを選択します。
⑯《数値》グループの , (桁区切りスタイル)をクリックします。
⑰同様に、「売上金額」「売上原価」「粗利」のデータに3桁区切りカンマを設定します。

STEP UP データの更新

ブックに取り込んだデータと取り込み元のデータは接続されているので、取り込み元のデータが更新された場合にExcelのデータを更新できます。
Excelのデータを更新する方法は、次のとおりです。
◆《データ》タブ→《クエリと接続》グループの ▣ (すべて更新)
◆テーブル内のセルを右クリック→《更新》
※Excelに取り込んだデータを変更しても、取り込み元のデータは変更されません。

STEP UP リンクの解除

取り込んだデータのリンクは解除できます。
取り込み元とのリンクを解除する方法は、次のとおりです。
◆《デザイン》タブ→《外部のテーブルデータ》グループの （リンク解除）

STEP UP テキストデータとして取り込む

外部データはテーブルとして取り込まれ、テーブルスタイルが設定されます。テーブルに変換せずにテキストデータとしてデータを取り込むこともできます。
外部データをテキストデータとして取り込む方法は、次のとおりです。
◆《ファイル》タブ→《オプション》→左側の一覧から《データ》を選択→《レガシデータインポートウィザードの表示》の《☑テキストから（レガシ）》→《OK》→《データ》タブ→《データの取得と変換》グループの （データの取得）→《従来のウィザード》→《テキストから（レガシ）》→《ファイルを選択》→《インポート》→ウィザードに従う

STEP UP ファイルを開く

「ファイルを開く」操作を使って、テキストファイルなどの外部データをExcelに取り込むことができます。「ファイルを開く」で取り込むと新しいブックとして開かれます。取り込み元のファイルが更新されてもExcelのデータは更新されません。
「ファイルを開く」操作を使って、外部データをExcelに取り込む方法は、次のとおりです。
◆《ファイル》タブ→《開く》→《参照》→ファイルの種類を選択→ファイルを選択→《開く》→ウィザードに従う

POINT データの取り込み画面

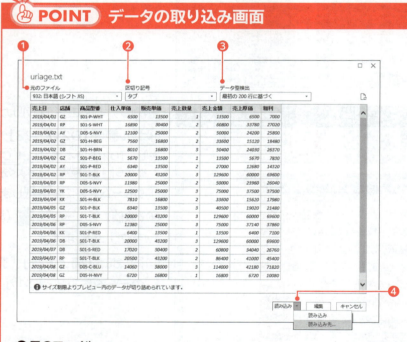

❶元のファイル
元のテキストファイルの形式（文字コード）を選択します。

❷区切り記号
元のテキストファイル内のデータがどのように区切られているかを選択します。

❸データ型検出
元のテキストファイルのデータ形式の検出方法を選択します。

❹読み込み
データを取り込む場所を選択します。
《読み込み》を選択すると、新しいシートを挿入し、セル【A1】を基準に外部データを取り込みます。
《読み込み先》を選択すると、指定したシートとセルを基準に外部データを取り込みます。

3 外部データの取り込み　2016/2013

「外部データの取り込み」を使うと、テキストファイルのデータを取り込むことができます。さらに、取り込んだデータをテーブルに変換すると効率的に操作できます。

1 外部データの取り込み

テキストファイル「uriage」のデータをシート「売上データ」に取り込みましょう。

File OPEN フォルダー「第3章」のブック「売上集計」のシート「売上データ」を開いておきましょう。

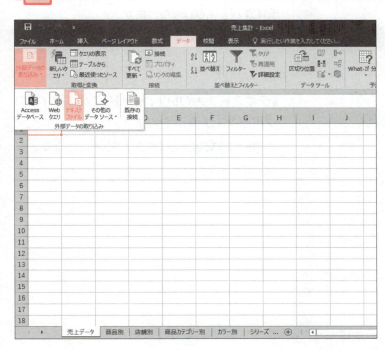

外部データの取り込みを開始する位置を指定します。

①セル【A1】をクリックします。
②《データ》タブを選択します。
③《外部データの取り込み》グループの　（テキストからデータを取り込み）をクリックします。
※《外部データの取り込み》グループが　（外部データの取り込み）で表示されている場合は、　（外部データの取り込み）をクリックすると、《外部データの取り込み》グループが表示されます。

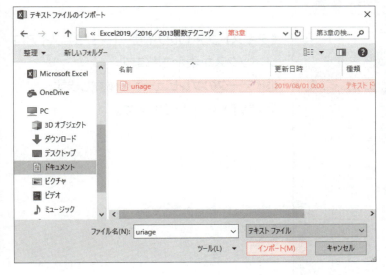

《テキストファイルのインポート》ダイアログボックスが表示されます。

④フォルダー「第3章」を開きます。
※《PC》→《ドキュメント》→「Excel2019／2016／2013関数テクニック」→「第3章」を選択します。
⑤一覧から「uriage」を選択します。
⑥《インポート》をクリックします。

66

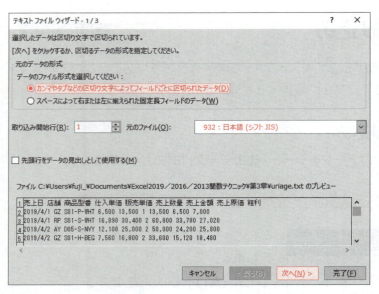

《テキストファイルウィザード-1/3》ダイアログボックスが表示されます。

⑦《元のデータの形式》の《カンマやタブなどの区切り文字によってフィールドごとに区切られたデータ》を◉にします。

⑧《取り込み開始行》が「1」になっていることを確認します。

⑨《元のファイル》が《932：日本語（シフトJIS）》になっていることを確認します。

⑩《次へ》をクリックします。

《テキストファイルウィザード-2/3》ダイアログボックスが表示されます。

⑪《区切り文字》の《タブ》を☑にします。

⑫《次へ》をクリックします。

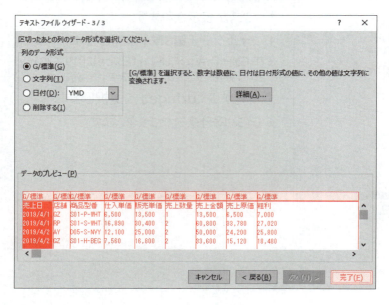

《テキストファイルウィザード-3/3》ダイアログボックスが表示されます。

⑬《データのプレビュー》を確認します。

⑭《完了》をクリックします。

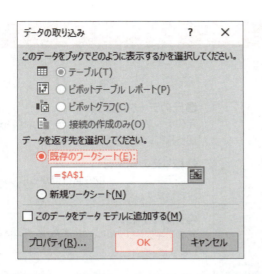

《データの取り込み》ダイアログボックスが表示されます。

⑮《既存のワークシート》を◉にします。

⑯「＝$A$1」と表示されていることを確認します。

⑰《OK》をクリックします。

データが取り込まれます。

	A	B	C	D	E	F	G	H	I	J
1	売上日	店舗	商品型番	仕入単価	販売単価	売上数量	売上金額	売上原価	粗利	
2	2019/4/1	GZ	S01-P-WHT	6,500	13,500	1	13,500	6,500	7,000	
3	2019/4/1	RP	S01-S-WHT	16,890	30,400	2	60,800	33,780	27,020	
4	2019/4/2	AY	D05-S-NVY	12,100	25,000	2	50,000	24,200	25,800	
5	2019/4/2	GZ	S01-H-BEG	7,560	16,800	2	33,600	15,120	18,480	
6	2019/4/2	DB	S01-H-BRN	8,010	16,800	3	50,400	24,030	26,370	
7	2019/4/2	GZ	S01-P-BEG	5,670	13,500	1	13,500	5,670	7,830	
8	2019/4/2	AY	S01-P-RED	6,340	13,500	2	27,000	12,680	14,320	
9	2019/4/2	RP	S01-T-BLK	20,000	43,200	3	129,600	60,000	69,600	
10	2019/4/3	RP	D05-S-NVY	11,980	25,000	2	50,000	23,960	26,040	
11	2019/4/3	YK	D05-S-NVY	12,500	25,000	3	75,000	37,500	37,500	
12	2019/4/4	KK	S01-H-BLK	7,810	16,800	2	33,600	15,620	17,980	
13	2019/4/5	GZ	S01-P-BLK	6,340	13,500	3	40,500	19,020	21,480	
14	2019/4/5	RP	S01-T-BLK	20,000	43,200	3	129,600	60,000	69,600	
15	2019/4/6	RP	D05-S-NVY	12,380	25,000	3	75,000	37,140	37,860	
16	2019/4/6	KK	S01-P-RED	6,400	13,500	1	13,500	6,400	7,100	
17	2019/4/6	DB	S01-T-BLK	20,000	43,200	3	129,600	60,000	69,600	
18	2019/4/7	DB	S01-S-RED	17,020	30,400	2	60,800	34,040	26,760	

STEP UP　データの更新

ブックに取り込んだデータと取り込み元のデータは接続されているので、取り込み元のデータが更新された場合にExcelのデータを更新できます。
Excelのデータを更新する方法は、次のとおりです。

◆《データ》タブ→《接続》グループの 🔁 (すべて更新)→変更した外部データのファイルを選択→《インポート》

◆表内のセルを右クリック→《更新》→変更した外部データのファイルを選択→《インポート》

※Excelに取り込んだデータを変更しても、取り込み元のデータは変更されません。

STEP UP　ファイルを開く

「ファイルを開く」操作を使って、テキストファイルなどの外部データをExcelに取り込むことができます。「ファイルを開く」で取り込むと新しいブックとして開かれます。取り込み元のファイルが更新されてもExcelのデータは更新されません。
「ファイルを開く」操作を使って、外部データをExcelに取り込む方法は、次のとおりです。

2016

◆《ファイル》タブ→《開く》→《参照》→ファイルの種類を選択→ファイルを選択→《開く》→ウィザードに従う

2013

◆《ファイル》タブ→《開く》→《コンピューター》→《参照》→ファイルの種類を選択→ファイルを選択→《開く》→ウィザードに従う

POINT テキストファイルウィザード

《テキストファイルウィザード》で設定できる内容は、次のとおりです。

●《テキストファイルウィザード-1/3》ダイアログボックス

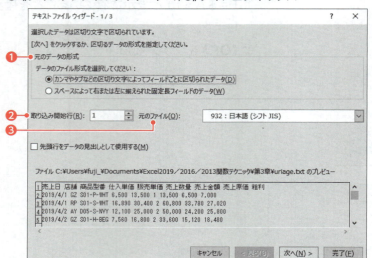

❶元のデータの形式
元のテキストファイル内のデータがどのように区切られているかを設定します。

❷取り込み開始行
元のテキストファイルの何行目から取り込むかを設定します。

❸元のファイル
元のテキストファイルの形式（文字コード）を選択します。

●《テキストファイルウィザード-2/3》ダイアログボックス

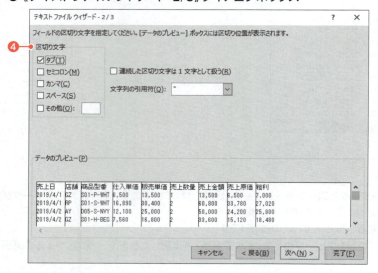

❹区切り文字
元のテキストファイル内の各データを区切っている区切り文字の種類を設定します。

●《テキストファイルウィザード-3/3》ダイアログボックス

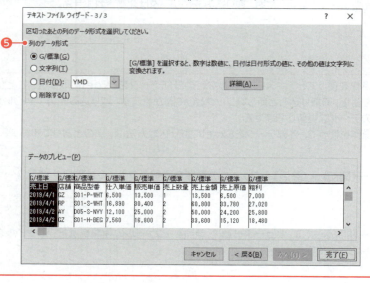

❺列のデータ形式
《データのプレビュー》で選択されている列の表示形式を設定します。

2 テーブルへの変換

取り込んだデータをテーブルに変換しましょう。

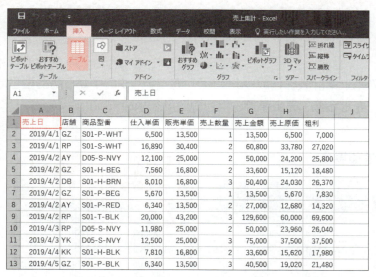

①セル【A1】をクリックします。
※取り込んだデータ内であれば、どこでもかまいません。
②《挿入》タブを選択します。
③《テーブル》グループの（テーブル）をクリックします。

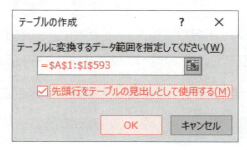

《テーブルの作成》ダイアログボックスが表示されます。
④《テーブルに変換するデータ範囲を指定してください》が「=$A$1:$I$593」になっていることを確認します。
⑤《先頭行をテーブルの見出しとして使用する》を✓にします。
⑥《OK》をクリックします。

図のようなメッセージが表示されます。
⑦《はい》をクリックします。

テーブルに変換され、テーブルスタイルが適用されます。
※リボンに《デザイン》タブが追加され、自動的に切り替わります。
※任意のセルをクリックして、テーブル全体の選択を解除しておきましょう。

70

Step3 商品別の売上集計表を作成する

1 商品別の合計

商品型番をもとに、商品別の売上集計表を作成しましょう。売上データの中から商品型番が一致した商品の売上数量、売上金額、売上原価、粗利の合計を求めましょう。
SUMIF関数を使います。

●商品別の売上数量を合計する場合

> 商品型番が同じ商品の売上数量を合計する

	A	B	C	D	E	F	G	H	I
1	売上日	店舗	商品型番	仕入単価	販売単価	売上数量	売上金額	売上原価	粗利
2	2019/4/1	GZ	S01-P-WHT	6,500	13,500	1	13,500	6,500	7,000
3	2019/4/1	RP	S01-S-WHT	16,890	30,400	2	60,800	33,780	27,020
4	2019/4/2	AY	D05-S-NVY	12,100	25,000	2	50,000	24,200	25,800
5	2019/4/2	GZ	S01-H-BEG	7,560	16,800	2	33,600	15,120	18,480
6	2019/4/2	DB	S01-H-BRN	8,010	16,800	3	50,400	24,030	26,370
7	2019/4/2	GZ	S01-P-BEG	5,670	13,500	1	13,500	5,670	7,830
8	2019/4/2	AY	S01-P-RED	6,340	13,500	2	27,000	12,680	14,320
9	2019/4/2	RP	S01-T-BLK	20,000	43,200	3	129,600	60,000	69,600
10	2019/4/3	RP	D05-S-NVY	11,980	25,000	2	50,000	23,960	26,040
11	2019/4/3	YK	D05-S-NVY	12,500	25,000	3	75,000	37,500	37,500
12	2019/4/4	KK	S01-H-BLK	7,810	16,800	2	33,600	15,620	17,980
13	2019/4/5	GZ	S01-P-BLK	6,340	13,500	3	40,500	19,020	21,480
14	2019/4/5	RP	S01-T-BLK	20,000	43,200	3	129,600	60,000	69,600

1 SUMIF関数

「SUMIF関数」を使うと、条件を満たすセルの合計を求めることができます。

●SUMIF関数

条件を満たすセルの合計を求めます。

=SUMIF(範囲, 検索条件, 合計範囲)
    ❶ ❷   ❸

❶範囲
検索条件によって検索するセル範囲を指定します。

❷検索条件
検索条件を指定します。
検索条件が入力されているセルを参照するか、「"=30000"」や「">15"」のように「"(ダブルクォーテーション)」で囲んで直接入力します。

❸合計範囲
❶の値が検索条件を満たす場合に、合計するセル範囲を指定します。

例：
=SUMIF(A2:A10,"りんご",B2:B10)
セル範囲【A2:A10】から「りんご」を検索し、対応するセル範囲【B2:B10】の値を合計します。
セル【A3】とセル【A5】が「りんご」の場合、セル【B3】とセル【B5】の値を合計します。

2 名前の定義

データ件数が多いので、各フィールドに名前を定義して関数の引数に利用しましょう。
「**選択範囲から作成**」を使うと、シート上に入力されている項目名をそのまま名前として利用できます。また、データの件数が増える可能性がある場合、列単位で名前を定義しておくと、件数が増えても名前の範囲を修正する必要がありません。
シート「**売上データ**」の各列の1行目の項目名を使って、列ごとに名前を定義しましょう。

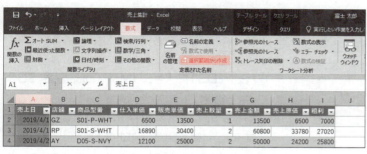

①列番号【A】をクリックします。
②《**数式**》タブを選択します。
③《**定義された名前**》グループの 選択範囲から作成（選択範囲から作成）をクリックします。

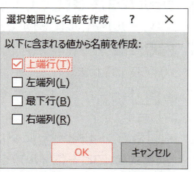

《**選択範囲から名前を作成**》ダイアログボックスが表示されます。
④《**上端行**》を✓にします。
⑤《**OK**》をクリックします。

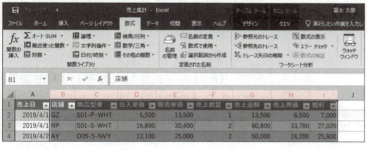

⑥列番号【B：I】を選択します。
⑦ F4 を押します。

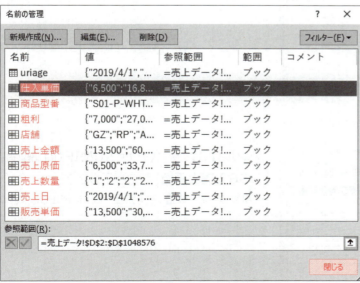

定義した名前を確認します。
⑧《**定義された名前**》グループの （名前の管理）をクリックします。
⑨定義した名前が登録されていることを確認します。

2019
※名前「uriage」は、テキストファイル「uriage」を取り込むと自動的に登録されます。

2016/2013
※名前「テーブル1」は、テーブルへの変換時に自動的に登録されます。

⑩《**閉じる**》をクリックします。

STEP UP 繰り返し

F4 を押すと、直前で実行したコマンドを繰り返すことができます。
ただし、F4 を押してもコマンドが繰り返し実行できない場合もあります。

3 商品別の合計

SUMIF関数を使って、シート**「商品別」**のD~G列に、商品型番ごとの売上数量、売上金額、売上原価、粗利を合計する数式を入力しましょう。

※引数には名前を使います。
※売上金額、売上原価、粗利を合計する数式は、売上数量を合計する数式をコピーして編集します。

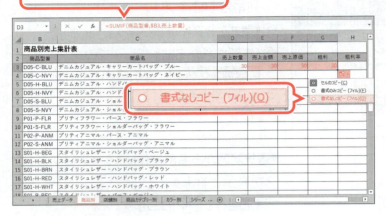

① シート**「商品別」**のシート見出しをクリックします。
② セル**【D3】**に「=SUMIF(商品型番,$B3,売上数量)」と入力します。
※数式をコピーするため、セル【B3】は列を常に固定するように複合参照にしておきます。
③ セル**【D3】**を選択し、セル右下の■(フィルハンドル)をセル**【G3】**までドラッグします。
数式がコピーされ、■(オートフィルオプション)が表示されます。
④ ■▼(オートフィルオプション)をクリックします。
※■をポイントすると、■▼になります。
⑤《書式なしコピー(フィル)》をクリックします。
※コピー先のE~G列に通貨の表示形式が設定されているため、書式以外をコピーします。

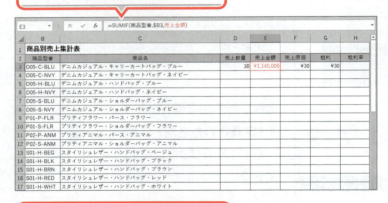

⑥ セル**【E3】**の数式を「=SUMIF(商品型番,$B3,売上金額)」に修正します。
※引数の「売上数量」を「売上金額」に修正します。

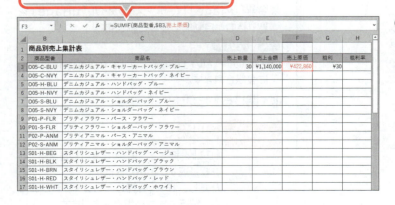

⑦ セル**【F3】**の数式を「=SUMIF(商品型番,$B3,売上原価)」に修正します。
※引数の「売上数量」を「売上原価」に修正します。

⑧ セル【G3】の数式を「=SUMIF(商品型番, $B3,粗利)」に修正します。

※引数の「売上数量」を「粗利」に修正します。

⑨ セル範囲【D3:G3】を選択し、セル範囲右下の■(フィルハンドル)をダブルクリックします。

数式がコピーされます。

POINT フィルハンドルのダブルクリック

■(フィルハンドル)をダブルクリックすると、表内のデータの最終行を自動的に認識し、データが入力されます。

POINT 計算対象の範囲

売上データなど、常に変動することが予想されるデータを計算する場合、計算対象の範囲を現時点のセル範囲で指定してしまうと、売上データが増えたときにその都度数式を修正する必要があります。
このような場合には、列全体を計算対象にすると効率的です。

2 粗利率の算出

H列に「粗利率」を求める数式を入力しましょう。
粗利率は、「粗利÷売上金額」で求めることができます。

①セル【H3】に「=G3/E3」と入力します。
※セル【H3】には、あらかじめパーセントの表示形式が設定されています。
②セル【H3】を選択し、セル右下の■（フィルハンドル）をダブルクリックします。
数式がコピーされます。

3 順位の表示

売上数量の多い順に「1」「2」「3」…と順位を付けましょう。
売上数量の順位から、売れ筋商品を確認できます。
RANK.EQ関数を使います。

1 RANK.EQ関数

「RANK.EQ関数」を使うと、順位を求めることができます。

●RANK.EQ関数

数値が指定の範囲内で何番目かを返します。
指定の範囲内に、重複した数値がある場合は、同じ順位として最上位の順位を返します。

=RANK.EQ（数値, 参照, 順序）
　　　　　　❶　　❷　　❸

❶数値
順位を付ける数値やセルを指定します。
❷参照
順位を調べるセル範囲を指定します。
❸順序
「0」または「1」を指定します。「0」は省略できます。

0	降順（大きい順）に何番目かを表示します。
0以外の数値	昇順（小さい順）に何番目かを表示します。

2 順位の表示

RANK.EQ関数を使って、I列に売上数量の多い順に順位を表示する数式を入力しましょう。

$$=RANK.EQ(D3,\$D\$3:\$D\$35,0)$$

	D	E	F	G	H	I	J	K
2	売上数量	売上金額	売上原価	粗利	粗利率	順位		
3	30	¥1,140,000	¥422,860	¥717,140	63%	20		
4	54	¥2,052,000	¥760,420	¥1,291,580	63%	2		
5	36	¥604,800	¥237,520	¥367,280	61%	10		
6	29	¥487,200	¥189,140	¥298,060	61%	23		
7	51	¥1,275,000	¥629,230	¥645,770	51%	3		
8	44	¥1,100,000	¥544,230	¥555,770	51%	6		
9	49	¥725,000	¥285,500	¥439,500	61%	4		
10	37	¥647,500	¥269,500	¥378,000	58%	9		
11	25	¥337,500	¥174,540	¥162,960	48%	33		
12	32	¥560,000	¥221,150	¥338,850	61%	17		
13	34	¥571,200	¥263,840	¥307,360	54%	12		
14	28	¥470,400	¥217,030	¥253,370	54%	28		
15	35	¥588,000	¥271,210	¥316,790	54%	11		
16	28	¥470,400	¥216,540	¥253,860	54%	28		
17	33	¥554,400	¥257,440	¥296,960	54%	15		
18	29	¥391,500	¥182,100	¥209,400	53%	23		
19	47	¥634,500	¥299,130	¥335,370	53%	5		

売上データ | 商品別 | 店舗別 | 商品カテゴリー別 | カラー別 | シリーズ …

① セル【I3】に「=RANK.EQ（D3,$D$3: $D$35,0）」と入力します。

※ 数式をコピーするため、セル範囲【D3:D35】は常に同じセル範囲を参照するように絶対参照にしておきます。

② セル【I3】を選択し、セル右下の■（フィルハンドル）をダブルクリックします。

数式がコピーされます。

STEP UP RANK.EQ関数とRANK.AVG関数

同順位があるとき、「RANK.EQ関数」は同順位の最上位を表示しますが、同順位の平均値を表示させたい場合は「RANK.AVG関数」を使います。

●RANK.EQ関数の場合

	A	B	C	D	E
1					
2		氏名	得点	順位	
3		中村　登美子	50	1	
4		新島　亜紀	40	2	
5		遠山　真一	40	2	
6		赤坂　元	30	4	
7		神田　淳二	20	5	
8		吉岡　マキ	10	6	
9					

同順位の最上位が表示される

=RANK.EQ（C4,$C$3:$C$8,0）

●RANK.AVG関数の場合

	A	B	C	D	E
1					
2		氏名	得点	順位	
3		中村　登美子	50	1	
4		新島　亜紀	40	2.5	
5		遠山　真一	40	2.5	
6		赤坂　元	30	4	
7		神田　淳二	20	5	
8		吉岡　マキ	10	6	
9					

同順位の平均値が表示される

=RANK.AVG（C4,$C$3:$C$8,0）

76

Let's Try ためしてみよう

①シート「店舗別」に切り替えて、店舗別の売上数量、売上金額、売上原価、粗利の合計を求めましょう。
②売上金額の高い順に順位を表示しましょう。

	A	B	C	D	E	F	G	H	I
1		店舗別売上集計表							
2		店舗	店舗名	売上数量	売上金額	売上原価	粗利	順位	
3		GZ	銀座	248	¥5,785,400	¥2,678,570	¥3,106,830	2	
4		AY	青山	234	¥5,984,500	¥2,734,730	¥3,249,770	1	
5		DB	台場	175	¥4,125,700	¥1,906,504	¥2,219,196	5	
6		RP	六本木	190	¥4,775,700	¥2,201,820	¥2,573,880	3	
7		YK	横浜	172	¥4,210,800	¥1,959,990	¥2,250,810	4	
8		KK	鎌倉	149	¥3,492,600	¥1,625,140	¥1,867,460	6	
9									

売上データ | 商品別 | 店舗別 | 商品カテゴリー別 | カラー別 | シリーズ …

Let's Try Answer

①

①シート「店舗別」のシート見出しをクリック
②セル【D3】に「=SUMIF(店舗,$B3,売上数量)」と入力
※数式をコピーするため、セル【B3】は列を常に固定するように複合参照にしておきます。
③セル【D3】を選択し、セル右下の■(フィルハンドル)をセル【G3】までドラッグ
④  (オートフィルオプション)をクリック
⑤《書式なしコピー(フィル)》をクリック
※コピー先のE～G列に通貨の表示形式が設定されているため、書式以外をコピーします。
⑥セル【E3】の数式を「=SUMIF(店舗,$B3,売上金額)」に修正
※引数の「売上数量」を「売上金額」に修正します。
⑦セル【F3】の数式を「=SUMIF(店舗,$B3,売上原価)」に修正
※引数の「売上数量」を「売上原価」に修正します。
⑧セル【G3】の数式を「=SUMIF(店舗,$B3,粗利)」に修正
※引数の「売上数量」を「粗利」に修正します。
⑨セル範囲【D3:G3】を選択し、セル範囲右下の■(フィルハンドル)をダブルクリック

②

①セル【H3】に「=RANK.EQ(E3,$E$3:$E$8,0)」と入力
②セル【H3】を選択し、セル右下の■(フィルハンドル)をダブルクリック

Step4 商品カテゴリー別の売上集計表を作成する

1 商品型番の分割

商品カテゴリー別に売上数量、売上金額、売上原価、粗利を集計します。取り込んだ売上データには、商品カテゴリーの項目はありませんが、商品型番の一部に商品カテゴリーを表す文字列が組み込まれています。商品型番から必要な文字列だけを取り出して、集計のキーワードとして利用します。

LEFT関数、MID関数、RIGHT関数を使って、商品型番を「**シリーズ**」「**商品カテゴリー**」「**カラー**」の3つに分割しましょう。

1 商品型番の構成

商品型番の多くは、商品を管理するうえで必要な情報で構成されています。
この章で利用する商品型番の構成は、次のとおりです。

例：
D05-H-BLU

❶シリーズ
商品のシリーズを表しています。
シリーズには、次のようなものがあります。

シリーズ	シリーズ名
D05	デニムカジュアル
P01	プリティフラワー
P02	プリティアニマル
S01	スタイリシュレザー
S02	スタイリシュレザークール

❷商品カテゴリー
商品の分類を表しています。
商品カテゴリーには、次のようなものがあります。

商品カテゴリー	商品カテゴリー名
C	キャリーカートバッグ
T	トラベルボストンバッグ
S	ショルダーバッグ
H	ハンドバッグ
P	パース

❸カラー
商品の色を表しています。
カラーには、次のようなものがあります。

カラー	カラー名
WHT	ホワイト
BEG	ベージュ
BRN	ブラウン
BLK	ブラック
RED	レッド
NVY	ネイビー
BLU	ブルー
SLV	シルバー
ANM	アニマル
FLR	フラワー

例えば、「**D05-H-BLU**」という商品型番は、「**デニムカジュアル（D05）**」の「**ハンドバッグ（H）**」で「**ブルー（BLU）**」であることを表しています。

2 LEFT関数・MID関数・RIGHT関数

「LEFT関数」「MID関数」「RIGHT関数」を使うと、文字列の一部を取り出すことができます。
LEFT関数は文字列の左端（先頭）から、MID関数は文字列の指定した位置から、RIGHT関数は文字列の右端（末尾）から指定した数の文字を取り出します。

●LEFT関数

文字列の先頭から指定された数の文字を返します。

=LEFT (**文字列, 文字数**)
　　　　❶　　　❷

---

❶ **文字列**
取り出す文字を含む文字列またはセルを指定します。

❷ **文字数**
取り出す文字数を指定します。
※「1」は省略できます。省略すると、左端の文字が取り出されます。

例：
=LEFT ("富士通エフ・オー・エム株式会社", 3) →富士通

●MID関数

文字列の指定した開始位置から指定された数の文字を返します。

=MID (**文字列, 開始位置, 文字数**)
　　　　❶　　　❷　　　❸

---

❶ **文字列**
取り出す文字を含む文字列またはセルを指定します。

❷ **開始位置**
文字列の何文字目から取り出すかを指定します。
先頭文字から「1」「2」「3」・・・と数えて、開始位置を数値で指定します。

❸ **文字数**
取り出す文字数を指定します。

例：
=MID ("富士通エフ・オー・エム株式会社", 4, 8) →エフ・オー・エム

●RIGHT関数

文字列の末尾から指定された数の文字を返します。

=RIGHT (**文字列, 文字数**)
　　　　　❶　　　❷

---

❶ **文字列**
取り出す文字を含む文字列またはセルを指定します。

❷ **文字数**
取り出す文字数を指定します。
※「1」は省略できます。省略すると、右端の文字が取り出されます。

例：
=RIGHT ("富士通エフ・オー・エム株式会社", 4) →株式会社

3 項目名の入力

シート「売上データ」のJ～L列に「シリーズ」「商品カテゴリー」「カラー」という項目名をそれぞれ入力しましょう。

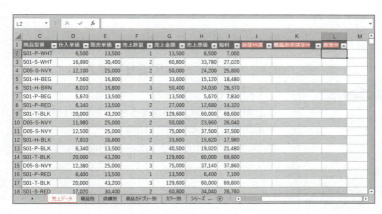

①シート「売上データ」のシート見出しをクリックします。
②セル【J1】に「シリーズ」と入力します。
③セル【K1】に「商品カテゴリー」と入力します。
④セル【L1】に「カラー」と入力します。

※項目名を入力すると、自動的にテーブルの範囲が拡張され、テーブルスタイルが設定されます。
※列幅を調整しておきましょう。

4 シリーズの取り出し

LEFT関数を使って、J列にシリーズの文字列を取り出す数式を入力しましょう。
シリーズは、商品型番の左端から3文字です。

①セル【J2】に「=LEFT(C2,3)」と入力します。

※セルをクリックして指定すると、「=LEFT([@商品型番],3)」と表示されます。

テーブル内のJ列の最終行を自動的に認識し、ほかのセルに数式が入力されます。

5 商品カテゴリーの取り出し

MID関数を使って、K列に商品カテゴリーの文字列を取り出す数式を入力しましょう。
商品カテゴリーは、商品型番の5文字目から1文字です。

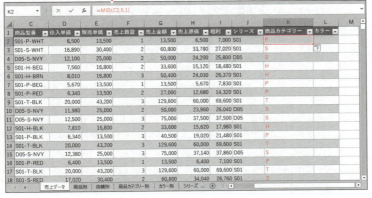

①セル【K2】に「=MID(C2,5,1)」と入力します。

※セルをクリックして指定すると、「=MID([@商品型番],5,1)」と表示されます。

テーブル内のK列の最終行を自動的に認識し、ほかのセルに数式が入力されます。

6 カラーの取り出し

RIGHT関数を使って、L列にカラーの文字列を取り出す数式を入力しましょう。
カラーは、商品型番の右端から3文字です。

①セル【L2】に「=RIGHT(C2,3)」と入力します。
※セルをクリックして指定すると、「=RIGHT([@商品型番],3)」と表示されます。
テーブル内のL列の最終行を自動的に認識し、ほかのセルに数式が入力されます。

7 名前の定義

関数の引数に利用するため、シート「**売上データ**」のJ～L列に1行目の項目名を使って、名前を定義しましょう。

①列番号【J:L】を選択します。
②《数式》タブを選択します。
③《定義された名前》グループの 選択範囲から作成 （選択範囲から作成）をクリックします。

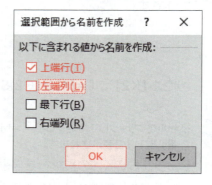

《選択範囲から名前を作成》ダイアログボックスが表示されます。
④《上端行》を ✓ にします。
⑤《左端列》を □ にします。
⑥《OK》をクリックします。
名前が定義されます。

2　商品カテゴリー別の合計

商品型番から取り出した商品カテゴリーをもとに、商品カテゴリー別の売上集計表を作成しましょう。

SUMIF関数を使って、シート「**商品カテゴリー別**」のD～G列に、商品カテゴリーごとの売上数量、売上金額、売上原価、粗利を合計する数式を入力します。

※引数には名前を使います。

※売上金額、売上原価、粗利を合計する数式は、売上数量を合計する数式をコピーして編集します。

> **=SUMIF(商品カテゴリー,$B3,売上数量)**

D3		fx	=SUMIF(商品カテゴリー,$B3,売上数量)			
A	B	C	D	E	F	G
1	商品カテゴリー別売上集計表					
2	商品カテゴリー	商品カテゴリー名	売上数量	売上金額	売上原価	粗利
3	C	キャリーカートバッグ	84	¥84	¥84	¥84
4	T	トラベルボストンバッグ				
5	S	ショルダーバッグ				
6	H	ハンドバッグ				
7	P	パース				
8						
9						
10						

〔 売上データ | 商品別 | 店舗別 | 商品カテゴリー別 | カラー別 | シリーズ … ⊕ 〕

①シート「**商品カテゴリー別**」のシート見出しをクリックします。

②セル【D3】に「**=SUMIF(商品カテゴリー,$B3,売上数量)**」と入力します。

※数式をコピーするため、セル【B3】は列を常に固定するように複合参照にしておきます。

③セル【D3】を選択し、セル右下の■(フィルハンドル)をセル【G3】までドラッグします。

数式がコピーされます。

※コピー先のE～G列に通貨の表示形式が設定されているため、書式以外をコピーします。（オートフィルオプション）をクリックして、《書式なしコピー(フィル)》をクリックしておきましょう。

> **=SUMIF(商品カテゴリー,$B3,売上金額)**

E3		fx	=SUMIF(商品カテゴリー,$B3,売上金額)			
A	B	C	D	E	F	G
1	商品カテゴリー別売上集計表					
2	商品カテゴリー	商品カテゴリー名	売上数量	売上金額	売上原価	粗利
3	C	キャリーカートバッグ	84	¥3,192,000	¥84	¥84
4	T	トラベルボストンバッグ				
5	S	ショルダーバッグ				
6	H	ハンドバッグ				
7	P	パース				
8						
9						
10						
11						
12						
13						
14						
15						
16						
17						

④セル【E3】の数式を「**=SUMIF(商品カテゴリー,$B3,売上金額)**」に修正します。

※引数の「売上数量」を「売上金額」に修正します。

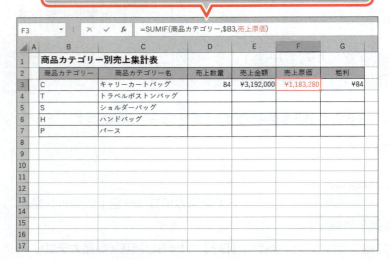

⑤セル【F3】の数式を「=SUMIF(商品カテゴリー,$B3,売上原価)」に修正します。
※引数の「売上数量」を「売上原価」に修正します。

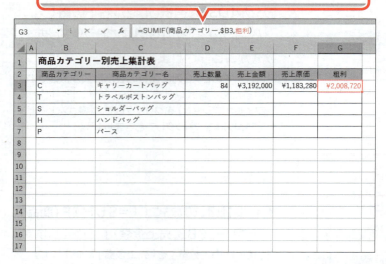

⑥セル【G3】の数式を「=SUMIF(商品カテゴリー,$B3,粗利)」に修正します。
※引数の「売上数量」を「粗利」に修正します。

⑦セル範囲【D3:G3】を選択し、セル範囲右下の■(フィルハンドル)をダブルクリックします。
数式がコピーされます。

Let's Try ためしてみよう

①シート「カラー別」に切り替えて、カラー別の売上数量、売上金額、売上原価、粗利の合計をそれぞれ求めましょう。

	A	B	C	D	E	F	G
1		カラー別売上集計表					
2		カラー	カラー名	売上数量	売上金額	売上原価	粗利
3		WHT	ホワイト	100	¥2,016,600	¥1,038,768	¥977,832
4		BEG	ベージュ	121	¥3,097,100	¥1,538,384	¥1,558,716
5		BRN	ブラウン	114	¥2,883,000	¥1,391,888	¥1,491,112
6		BLK	ブラック	182	¥4,792,900	¥2,006,660	¥2,786,240
7		RED	レッド	141	¥3,567,000	¥1,802,004	¥1,764,996
8		NVY	ネイビー	127	¥3,639,200	¥1,493,790	¥2,145,410
9		BLU	ブルー	117	¥3,019,800	¥1,289,610	¥1,730,190
10		SLV	シルバー	123	¥3,089,100	¥1,594,960	¥1,494,140
11		ANM	アニマル	57	¥897,500	¥395,690	¥501,810
12		FLR	フラワー	86	¥1,372,500	¥555,000	¥817,500

②シート「シリーズ別」に切り替えて、シリーズ別の売上数量、売上金額、売上原価、粗利の合計をそれぞれ求めましょう。

	A	B	C	D	E	F	G
1		シリーズ別売上集計表					
2		シリーズ	シリーズ名	売上数量	売上金額	売上原価	粗利
3		D05	デニムカジュアル	244	¥6,659,000	¥2,783,400	¥3,875,600
4		P01	プリティフラワー	86	¥1,372,500	¥555,000	¥817,500
5		P02	プリティアニマル	57	¥897,500	¥395,690	¥501,810
6		S01	スタイリシュレザー	658	¥16,356,600	¥7,777,704	¥8,578,896
7		S02	スタイリシュレザークール	123	¥3,089,100	¥1,594,960	¥1,494,140

Let's Try Answer

①

①シート「カラー別」のシート見出しをクリック
②セル【D3】に「=SUMIF(カラー,$B3,売上数量)」と入力
※数式をコピーするため、セル【B3】は列を常に固定するように複合参照にしておきます。
③セル【D3】を選択し、セル右下の■(フィルハンドル)をセル【G3】までドラッグ
④(オートフィルオプション)をクリック
⑤《書式なしコピー(フィル)》をクリック
※コピー先のE～G列に通貨の表示形式が設定されているため、書式以外をコピーします。
⑥セル【E3】の数式を「=SUMIF(カラー,$B3,売上金額)」に修正
※引数の「売上数量」を「売上金額」に修正します。
⑦セル【F3】の数式を「=SUMIF(カラー,$B3,売上原価)」に修正
※引数の「売上数量」を「売上原価」に修正します。
⑧セル【G3】の数式を「=SUMIF(カラー,$B3,粗利)」に修正
※引数の「売上数量」を「粗利」に修正します。
⑨セル範囲【D3:G3】を選択し、セル範囲右下の■(フィルハンドル)をダブルクリック

②

①シート「シリーズ別」のシート見出しをクリック
②セル【D3】に「=SUMIF(シリーズ,$B3,売上数量)」と入力
※数式をコピーするため、セル【B3】は列を常に固定するように複合参照にしておきます。
③セル【D3】を選択し、セル右下の■(フィルハンドル)をセル【G3】までドラッグ
④(オートフィルオプション)をクリック
⑤《書式なしコピー(フィル)》をクリック
※コピー先のE～G列に通貨の表示形式が設定されているため、書式以外をコピーします。
⑥セル【E3】の数式を「=SUMIF(シリーズ,$B3,売上金額)」に修正
※引数の「売上数量」を「売上金額」に修正します。
⑦セル【F3】の数式を「=SUMIF(シリーズ,$B3,売上原価)」に修正
※引数の「売上数量」を「売上原価」に修正します。
⑧セル【G3】の数式を「=SUMIF(シリーズ,$B3,粗利)」に修正
※引数の「売上数量」を「粗利」に修正します。
⑨セル範囲【D3:G3】を選択し、セル範囲右下の■(フィルハンドル)をダブルクリック

Step5 商品カテゴリー・カラー別の売上集計表を作成する

1 商品カテゴリー・カラー別の合計

商品型番から取り出した商品カテゴリーとカラーをもとに、商品カテゴリーとカラー別の売上集計表を作成しましょう。

売上データの中から商品カテゴリーとカラーが一致する商品の売上金額の合計を求めます。SUMIFS関数を使います。

1 SUMIFS関数

「SUMIFS関数」を使うと、複数の条件をすべて満たすセルの合計を求めることができます。

●SUMIFS関数

複数の条件をすべて満たすセルの合計を求めます。

=SUMIFS（合計対象範囲, 条件範囲1, 条件1, 条件範囲2, 条件2, ・・・）
　　　　　　❶　　　　　❷　　　　❸　　　　❹　　　　❺

---

❶合計対象範囲
複数の条件をすべて満たす場合に、合計するセル範囲を指定します。

❷条件範囲1
1つ目の条件によって検索するセル範囲を指定します。

❸条件1
1つ目の条件を指定します。
条件が入力されているセルを参照するか、「"=30000"」や「">15"」のように「"（ダブルクォーテーション）」で囲んで直接入力します。
「条件範囲」と「条件」の組み合わせは、127個まで指定できます。

❹条件範囲2
2つ目の条件によって検索するセル範囲を指定します。

❺条件2
2つ目の条件を指定します。

※引数の指定順序がSUMIF関数とは異なるので、注意しましょう。

例：
=SUMIFS（C3：C10, A3：A10, "りんご", B3：B10, "青森"）
セル範囲【A3：A10】から「りんご」、セル範囲【B3：B10】から「青森」を検索し、両方に対応するセル範囲【C3：C10】の値を合計します。

2 商品カテゴリー・カラー別の合計

SUMIFS関数を使って、シート「**売上データ**」の中から商品カテゴリーとカラーが一致する商品の売上金額を合計する数式を入力しましょう。

●セル【D4】の数式

= SUMIFS（売上金額, カラー, $B4, 商品カテゴリー, D$2）

❶名前「カラー」からセル【B4】の値、名前「商品カテゴリー」からセル【D2】の値をそれぞれ検索し、2つの条件を満たす名前「売上金額」の値を合計する

①シート「**商品カテゴリー・カラー別**」のシート見出しをクリックします。

②セル【D4】に「**=SUMIFS（売上金額, カラー, $B4, 商品カテゴリー, D$2）**」と入力します。

※数式をコピーするため、セル【B4】は列を、セル【D2】は行を常に固定するように複合参照にしておきます。

※セル【D4】には、あらかじめ通貨の表示形式が設定されています。

③セル【D4】を選択し、セル右下の■（フィルハンドル）をダブルクリックします。

④セル範囲【D4:D13】を選択し、セル範囲右下の■（フィルハンドル）をセル【H13】までドラッグします。

数式がコピーされます。

Let's Try ためしてみよう

①シート「店舗・月別」に切り替えて、B列の「店舗」と2～3行目の条件をもとに、店舗別および月単位の売上金額の合計を求めましょう。

②K列に全体の売上に対する構成比を求めましょう。

※構成比は「各店舗の売上÷全体の売上」で求めます。

	A	B	C	D	E	F	G	H	I	J	K
1		店舗別月間売上集計表									
2				>=2019/4/1	>=2019/5/1	>=2019/6/1	>=2019/7/1	>=2019/8/1	>=2019/9/1		
3				<=2019/4/30	<=2019/5/31	<=2019/6/30	<=2019/7/31	<=2019/8/31	<=2019/9/30		
4		店舗	店舗名	4月	5月	6月	7月	8月	9月	合計	構成比
5		GZ	銀座	¥873,000	¥1,029,100	¥671,100	¥1,464,500	¥832,500	¥915,200	¥5,785,400	20%
6		AY	青山	¥948,100	¥995,100	¥1,071,300	¥827,600	¥910,100	¥1,232,300	¥5,984,500	21%
7		DB	台場	¥946,100	¥630,300	¥566,800	¥582,700	¥516,200	¥883,600	¥4,125,700	15%
8		RP	六本木	¥887,400	¥696,000	¥697,100	¥704,300	¥684,900	¥1,106,000	¥4,775,700	17%
9		YK	横浜	¥600,000	¥724,200	¥775,900	¥728,400	¥656,800	¥725,500	¥4,210,800	15%
10		KK	鎌倉	¥552,800	¥272,100	¥820,600	¥554,600	¥533,600	¥758,900	¥3,492,600	12%
11		合計		¥4,807,400	¥4,346,800	¥4,602,800	¥4,862,100	¥4,134,100	¥5,621,500	¥28,374,700	100%

①

① シート「店舗・月別」のシート見出しをクリック
② セル【D5】に「=SUMIFS(売上金額,店舗,$B5,売上日,D$2,売上日,D$3)」と入力
※数式をコピーするため、セル【B5】は列を、セル【D2】とセル【D3】は行を常に固定するように複合参照にしておきます。
※セル【D5】には、あらかじめ通貨の表示形式が設定されています。
③ セル【D5】を選択し、セル右下の■(フィルハンドル)をダブルクリック
④ セル範囲【D5:D10】を選択し、セル範囲右下の■(フィルハンドル)をセル【I10】までドラッグ

②

① セル【K5】に「=J5/$J$11」と入力
※数式をコピーするため、セル【J11】は常に同じセルを参照するように絶対参照にしておきます。
※セル【K5】には、あらかじめパーセントの表示形式が設定されています。
② セル【K5】を選択し、セル右下の■(フィルハンドル)をセル【K11】までドラッグ

※ブックに任意の名前を付けて保存し、閉じておきましょう。

STEP UP AGGREGATE関数

計算範囲内にエラー値があると、集計することができません。「AGGREGATE関数」を使うと、エラー値を無視して集計できます。

●AGGREGATE関数

エラー値を無視して数値を集計します。

=AGGREGATE(集計方法, オプション, 参照1, 参照2, ・・・)
　　　　　　　❶　　　　　❷　　　　❸

❶ 集計方法
集計方法に応じて関数を1～19の番号で指定します。
　1：AVERAGE
　4：MAX
　9：SUM

❷ オプション
無視する値を0～7の番号で指定します。
　5：非表示の行を無視します。
　6：エラー値を無視します。
　7：非表示の行とエラー値を無視します。

❸ 参照
参照するセル範囲を指定します。最大253個まで指定できます。

例：
エラー値を無視して、利益の平均を求めます。
※セル【E7】に「=AVERAGE(E2:E6)」と入力すると、セル範囲にエラー値があるため「#VALUE!」と表示され計算できません。

	A	B	C	D	E	F
					fx =AGGREGATE(1,6,E2:E6)	
1		商品名	販売価格	仕入価格	利益	
2		タオルギフトセット	2,500	1,750	750	
3		シュガーセット	4,800	3,360	1,440	
4		旬の果物詰め合わせ	5,800	不明	#VALUE!	
5		ハム詰め合わせ	4,200	2,940	1,260	
6		海苔ギフトセット	3,000	2,100	900	
7		平均			1,088	
8						

第4章

顧客住所録の作成

Step1	事例と処理の流れを確認する	89
Step2	顧客名の表記を整える	93
Step3	郵便番号・電話番号の表記を整える	95
Step4	担当者名の表記を整える	100
Step5	住所を分割する	102
Step6	重複データを削除する	106
Step7	新しい顧客住所録を作成する	109
Step8	ブックにパスワードを設定する	112

Step1 事例と処理の流れを確認する

1 事例

具体的な事例をもとに、どのような顧客住所録を作成するのかを確認しましょう。

●事例
顧客住所録を作成するにあたり、複数名で入力を分担しました。しかし、表記のルールを決めずに入力したため、データを見比べると半角と全角が混在している、会社名に「（株）」と「株式会社」が混在しているなど、データ表記の整合性に問題があります。
そこで、関数を使ってデータ表記を統一し、最終的には、顧客住所録をはがき宛名印刷や宛名ラベル印刷で利用したいと考えています。

2 処理の流れ

まず、複数名で入力した顧客住所録の表記を、関数を使って統一します。
次に、重複している顧客データがあった場合は削除し、新しいシートに必要な項目だけをコピーして新しい顧客住所録を作成します。
最後に、顧客情報の漏えいを防ぐためにブックにパスワードを設定します。

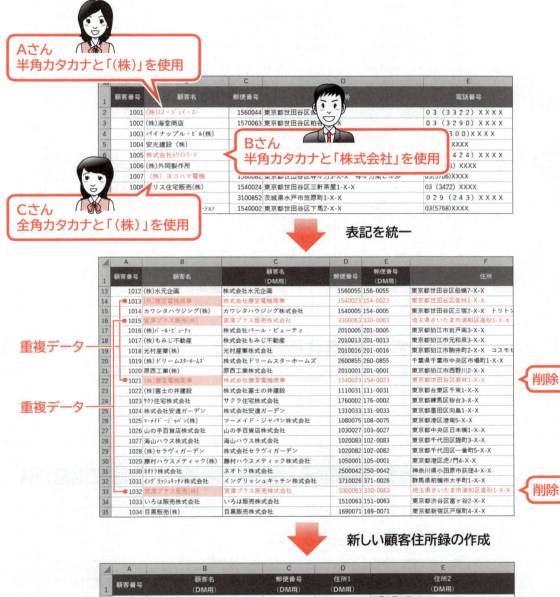

1 顧客住所録の問題点の確認

既存の顧客住所録の問題点を確認しましょう。

2 作成する顧客住所録の確認

作成する顧客住所録を確認しましょう。

👆POINT 顧客住所録作成時の注意点

住所録をはがき宛名印刷や宛名ラベル印刷に利用する場合、次のような点に注意して顧客住所録を作成しましょう。

	A	B	C	D	E	F	G
1	顧客番号	顧客名	郵便番号	住所1	住所2	電話番号	担当者名
2	1001	株式会社エス・ジェイ・エー	156-0044	東京都	世田谷区赤堤1-X-X	03-3322-XXXX	相川 明
3	1002	株式会社海堂商店	157-0063	東京都	世田谷区粕谷2-X-X	03-3290-XXXX	渡部 一郎
4	1003	パイナップル・ビル株式会社	157-0061	東京都	世田谷区北烏山3-X-X　イオレ渋谷ビル7F	03-3300-XXXX	柳瀬 太一
5	1004	安光建設株式会社	158-0083	東京都	世田谷区奥沢6-X-X	03-5707-XXXX	田山 久美子
6	1005	株式会社ホワイトワーズ	154-0004	東京都	世田谷区太子堂5-X-X	03-3424-XXXX	石山 岳
7	1006	株式会社外岡製作所	606-0813	京都府	京都市左京区下鴨貴船町1-X-X	075-771-XXXX	藤本 宏
8	1007	株式会社ヨコハマ電機	158-0082	東京都	世田谷区等々力3-X-X　等々力南ビル3F	03-5706-XXXX	沢田 桃
9	1008	アリス住宅販売株式会社	154-0024	東京都	世田谷区三軒茶屋1-X-X	03-3422-XXXX	増井 正子
10	1009	株式会社一星堂本舗	310-0852	茨城県	水戸市笠原町1-X-X	029-243-XXXX	真行寺 久
11	1010	株式会社カニザワコーポレーション	154-0002	東京都	世田谷区下馬2-X-X	03-5768-XXXX	安井 喜美代
12	1011	株式会社シルキー	154-0016	東京都	世田谷区弦巻5-X-X	03-3426-XXXX	中田 美穂
13	1012	株式会社水元企画	156-0055	東京都	世田谷区船橋7-X-X	03-3484-XXXX	伊藤 五郎
14	1013	株式会社勝堂電機商事	154-0023	東京都	世田谷区若林1-X-X	03-6675-XXXX	澤井 真治
15	1014	カワシタハウジング株式会社	154-0005	東京都	世田谷区三宿2-X-X　トリトンビル10F	03-3413-XXXX	平山 綾香
16	1015	宮澤プラス販売株式会社	330-0063	埼玉県	さいたま市浦和区高砂1-X-X	048-833-XXXX	山田 幸治
17	1016	株式会社パール・ビューティ	201-0005	東京都	狛江市岩戸南3-X-X	03-3489-XXXX	西田 富士夫
18	1017	株式会社もみじ不動産	201-0013	東京都	狛江市元和泉3-X-X	03-3489-XXXX	駒井 裕子
19	1018	光村産業株式会社	201-0016	東京都	狛江市駒井町2-X-X　コスモビル8F	03-3430-XXXX	和泉 美貴
20	1019	株式会社ドリームスターホームズ	260-0855	千葉県	千葉市中央区市場町1-X-X	043-227-XXXX	加藤 美紀
21	1020	原西工業株式会社	201-0001	東京都	狛江市西野川2-X-X	03-348X-XXXX	藤井 清志
22	1022	株式会社富士の井建設	111-0031	東京都	台東区千束1-X-X	03-3872-XXXX	藤田 恭一
23	1023	サクラ住宅株式会社	176-0002	東京都	練馬区桜台3-X-X	03-3992-XXXX	桃井 和彦
24	1024	株式会社安達ガーデン	131-0033	東京都	墨田区向島1-X-X	03-3625-XXXX	安達 さより
25	1025	マーメイド・ジャパン株式会社	108-0075	東京都	港区港南5-X-X	03-6717-XXXX	村井 孝太
26	1026	山の手百貨店株式会社	103-0027	東京都	中央区日本橋1-X-X	03-3241-XXXX	横山 加奈子
27	1027	海山ハウス株式会社	102-0083	東京都	千代田区麹町3-X-X	03-3234-XXXX	大月 健一郎
28	1028	株式会社セラヴィガーデン	102-0082	東京都	千代田区一番町5-X-X	03-3263-XXXX	山本 喜一
29	1029	藤村ハウスメティック株式会社	105-0001	東京都	港区虎ノ門4-X-X	03-3432-XXXX	辻 雅彦
30	1030	ネオトラ株式会社	250-0042	神奈川県	小田原市荻窪4-X-X	0465-33-XXXX	畑田 真彦

❶先頭行は列見出しにする

❷顧客1件分のデータを横1行に入力する

❸フィールドに同じ種類のデータを入力する

※フィールドとは、列単位で入力されている列見出しに対応したデータのことです。

❹顧客の会社名は（株）のように省略形にせず、正式名称を入力する

印刷結果の見栄えを考えて、次のような点にも配慮するとよいでしょう。

❺半角と全角の文字列が混在していると、バランスが悪くなることがあるので統一する

❻郵便番号の3文字目と4文字目の間に「‐（ハイフン）」を入れて、区切りをわかりやすくする

❼住所が長い場合、適切な位置で改行されるように、あらかじめ住所を分割しておく

Step2 顧客名の表記を整える

1 顧客名の表記

B列の顧客名は半角と全角の文字列が混在しています。すべて全角文字列に変換して、統一しましょう。また、「(株)」と「株式会社」が混在しているので、「株式会社」に置き換えて統一しましょう。
JIS関数とSUBSTITUTE関数を使います。

(株)ｴｽ・ｼﾞｪｲ・ｴｰ → 【全角に変換】 （株）エス・ジェイ・エー → 【（株）を「株式会社」に変換】 株式会社エス・ジェイ・エー

1 全角文字列への変換

JIS関数を使って、セル【C2】にセル【B2】の顧客名を全角に変換する数式を入力しましょう。

フォルダー「第4章」のブック「顧客住所録」のシート「顧客住所録」を開いておきましょう。

①セル【C2】に「=JIS(B2)」と入力します。全角で表示されます。

第4章 顧客住所録の作成

93

2 SUBSTITUTE関数

「SUBSTITUTE関数」を使うと、文字列内から特定の文字列を検索して、ほかの文字列に置き換えることができます。

●SUBSTITUTE関数

文字列内から特定の文字列を検索して、ほかの文字列に置き換えます。

=SUBSTITUTE(文字列, 検索文字列, 置換文字列, 置換対象)
　　　　　　　❶　　　❷　　　　❸　　　　❹

❶ 文字列
検索対象の文字列またはセルを指定します。

❷ 検索文字列
検索する文字列またはセルを指定します。

❸ 置換文字列
置き換える文字列またはセルを指定します。
※省略できます。省略すると❷の検索文字列を削除します。

❹ 置換対象
検索対象の文字列に検索文字列が複数含まれる場合、何番目を置き換えるかを数値またはセルで指定します。
※省略できます。省略すると検索されたすべての文字列が置換されます。

例：
=SUBSTITUTE("青森林檎農園","林檎","りんご") →青森りんご農園

3 文字列の置き換え

SUBSTITUTE関数を使って、「(株)」を「株式会社」に置き換えて統一しましょう。

●セル【C2】の数式

　　　　　　　　　　　　❷
= SUBSTITUTE(JIS(B2),"（株）","株式会社")
　　　　　　　　❶

セル【B2】の文字列を全角に変換する
❶で変換したセル【B2】の文字列に「（株）」が含まれる場合、「株式会社」に置換する

=SUBSTITUTE(JIS(B2),"（株）","株式会社")

①セル【C2】の数式を「=SUBSTITUTE(JIS(B2),"（株）","株式会社")」に修正します。
※（株）の「（」「）」は全角で入力します。
②セル【C2】を選択し、セル右下の■（フィルハンドル）をダブルクリックします。
数式がコピーされます。

Step3 郵便番号・電話番号の表記を整える

1 郵便番号の表記

D列の「**郵便番号**」の3文字目と4文字目の間に「**-（ハイフン）**」を挿入しましょう。
REPLACE関数を使います。

1 REPLACE関数

「**REPLACE関数**」を使うと、文字の位置と文字数を指定して、文字列の一部を別の文字に置き換えることができます。文字数の指定を省略すると、指定した位置に別の文字を挿入することができます。

●REPLACE関数

文字列の開始位置と文字数を指定して、置換文字列に置き換えます。

=REPLACE（文字列, 開始位置, 文字数, 置換文字列）

　　　　　　❶　　　　❷　　　　❸　　　　❹

❶文字列
文字列またはセルを指定します。
❷開始位置
❶の文字列の何文字目から置き換えるかを数値またはセルで指定します。
❸文字数
何文字分置き換えるかを数値またはセルで指定します。
※省略できます。省略すると、❷の開始位置に❹の置換文字列を挿入します。
❹置換文字列
置換する文字列またはセルを指定します。
※省略できます。省略すると、❷の開始位置から❸の文字数分の文字を削除します。

例：
会員コードの先頭の1文字を「M」に置き換えます。

	A	B	C	D	E
1		会員データ更新			
2					
3		会員コード	新会員コード	氏名	備考
4		D1001	M1001	沢村　洋子	デイ会員からマスター会員に変更
5		N5001	M5001	榎木　和子	ナイト会員からマスター会員に変更
6		H8050	M8050	佐伯　理恵	ホリデー会員からマスター会員に変更
7					

C4　＝REPLACE(B4,1,1,"M")

2 「-（ハイフン）」の挿入

REPLACE関数を使って、D列の郵便番号の3桁目と4桁目の間に「-（ハイフン）」を挿入する数式を入力しましょう。

●セル【E2】の数式

= REPLACE (D2, 4,, "-")

❶セル【D2】の4文字目に「-（ハイフン）」を挿入する

① セル【E2】に「=REPLACE(D2,4,,"-")」と入力します。
② セル【E2】を選択し、セル右下の■（フィルハンドル）をダブルクリックします。
数式がコピーされます。

STEP UP TEXTJOIN関数　　2019

「TEXTJOIN関数」を使うと、複数の文字列の間に区切り文字を挿入しながらひとつの文字列として表示できます。

●TEXTJOIN関数

指定した区切り文字を挿入しながら、引数をすべてつなげた文字列にして返します。

=TEXTJOIN（区切り文字, 空のセルは無視, テキスト1, ・・・）
　　　　　　　❶　　　　　❷　　　　　　❸

❶ 区切り文字
文字列の間に挿入する区切り文字を指定します。

❷ 空のセルは無視
TRUEかFALSEを指定します。

TRUE	空のセルを無視し、区切り文字は挿入しません。
FALSE	空のセルも文字列とみなし、区切り文字を挿入します。

❸ テキスト1
結合する文字列を指定します。最大253個まで指定できます。

例：
「番号1」「番号2」「番号3」の間に「-（ハイフン）」を入れてひとつのセルに表示します。

2 電話番号の表記

I列の電話番号をすべて半角の文字列に変換して統一しましょう。また、「**03-3322-XXXX**」のように番号と番号の区切りを「**-(ハイフン)**」に置き換えましょう。
ASC関数とSUBSTITUTE関数を使います。

03(3322)XXXX 半角に変換 → 03(3322)XXXX 「-(ハイフン)」に置換 → 03-3322-XXXX

1 ASC関数

「ASC関数」を使うと、全角の英数字やカタカナを半角の文字列に変換できます。

●ASC関数

指定した文字列やセルの全角の英数字やカタカナを半角の文字列に変換します。漢字やひらがななどの文字列は変換されません。

=ASC(文字列)
　　　　❶

❶文字列
半角にする文字列またはセルを指定します。

---

2 半角文字列への変換

ASC関数を使って、セル【J2】に、セル【I2】の電話番号を半角に変換する数式を入力しましょう。

①セル【J2】に「=ASC(I2)」と入力します。
半角で表示されます。
②セル【J2】を選択し、セル右下の■(フィルハンドル)をダブルクリックします。
数式がコピーされます。

STEP UP　UPPER関数・LOWER関数・PROPER関数

文字列の英字を大文字や小文字に変換する関数に、UPPER関数・LOWER関数・PROPER関数があります。
「UPPER関数」を使うと、文字列の英字を大文字に変換できます。
「LOWER関数」を使うと、文字列の英字を小文字に変換できます。
「PROPER関数」を使うと、文字列の英単語の先頭を大文字に、2文字目以降を小文字に変換できます。

●UPPER関数

文字列に含まれる英字をすべて大文字に変換します。

=UPPER(**文字列**)

❶ 文字列
対象の文字列またはセルを指定します。

例：
=UPPER("Microsoft Excel 2019") →MICROSOFT EXCEL 2019

●LOWER関数

文字列に含まれる英字をすべて小文字に変換します。

=LOWER(**文字列**)
❶

❶ 文字列
対象の文字列またはセルを指定します。

例：
=LOWER("Microsoft Excel 2019") →microsoft excel 2019

●PROPER関数

文字列内の英単語の先頭文字を大文字にし、2文字目以降を小文字に変換します。

=PROPER(**文字列**)

❶ 文字列
対象の文字列またはセルを指定します。

例：
=PROPER("MICROSOFT EXCEL 2019") →Microsoft Excel 2019

3 区切り記号の置き換え

SUBSTITUTE関数を2つ組み合わせて、セル【J2】の電話番号の「(」「)」が「-(ハイフン)」に置換されるように数式を編集しましょう。

●セル【J2】の数式

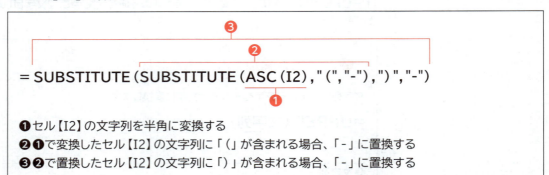

❶セル【I2】の文字列を半角に変換する
❷❶で変換したセル【I2】の文字列に「(」が含まれる場合、「-」に置換する
❸❷で置換したセル【I2】の文字列に「)」が含まれる場合、「-」に置換する

①セル【J2】の数式を「=SUBSTITUTE(SUBSTITUTE(ASC(I2),"(","-"),")","-")」に修正します。

※「(」「)」は半角で入力します。

②セル【J2】を選択し、セル右下の■(フィルハンドル)をダブルクリックします。

数式がコピーされます。

👆POINT ウィンドウ枠の固定

シート「顧客住所録」は、A～B列と1行目が固定されています。「ウィンドウ枠の固定」を使うと、行の左側や列の上側を固定できます。大きな表でシートをスクロールすると、表の項目名が隠れてしまい、データの入力や参照などの操作が難しくなることがあります。そのような場合、ウィンドウ枠を固定しておくと、固定した行や列に常に表の項目名を表示できるので、操作が容易になります。
ウィンドウ枠を固定する方法は、次のとおりです。

行を固定する

◆固定する行の下側の行を選択→《表示》タブ→《ウィンドウ》グループの ウィンドウ枠の固定 (ウィンドウ枠の固定)→《ウィンドウ枠の固定》

列を固定する

◆固定する列の右側の列を選択→《表示》タブ→《ウィンドウ》グループの ウィンドウ枠の固定 (ウィンドウ枠の固定)→《ウィンドウ枠の固定》

行と列を固定する

◆固定する行の下側の行と、固定する列の右側の列が交わるセルを選択→《表示》タブ→《ウィンドウ》グループの ウィンドウ枠の固定 (ウィンドウ枠の固定)→《ウィンドウ枠の固定》

また、ウィンドウ枠の固定を解除する方法は、次のとおりです。

◆《表示》タブ→《ウィンドウ》グループの ウィンドウ枠の固定 (ウィンドウ枠の固定)→《ウィンドウ枠固定の解除》

Step 4 担当者名の表記を整える

1 担当者名の表記

K列の担当者名の姓と名の間には空白が入力されています。空白は半角と全角が混在しており、空白の文字数も異なるので間隔がそろっていません。
不要な空白は削除し、全角1文字分の空白に統一しましょう。
JIS関数とTRIM関数を使います。

1 全角文字列への変換

JIS関数を使って、セル【L2】に、セル【K2】の担当者名の空白を全角に変換する数式を入力しましょう。

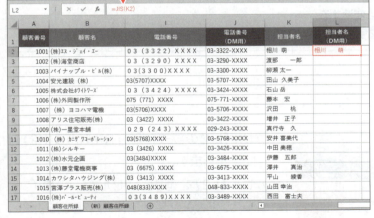

①セル【L2】に「=JIS(K2)」と入力します。空白が全角で表示されます。

2 TRIM関数

「TRIM関数」を使うと、文字列内の不要な空白を削除できます。

> ● TRIM関数
>
> 文字列の先頭や末尾に挿入された空白をすべて削除します。
> 文字列内に空白が連続して含まれている場合、単語間の空白をひとつずつ残して余分な空白を削除します。
>
> =TRIM(文字列)
> ❶
>
> ❶ 文字列
> 文字列またはセルを指定します。空白が連続して入力されている場合は、全角と半角に関係なく前にある空白が残ります。
>
> 例：
> =TRIM(" りんご みかん") → りんご みかん
> ※ は半角空白を表します。

3 不要な空白の削除

TRIM関数を使って、セル【L2】の担当者名の不要な空白が削除されるように数式を編集しましょう。

● セル【L2】の数式

❶ セル【K2】の文字列を全角に変換する
❷ ❶で変換したセル【K2】の文字列の不要な空白を削除する

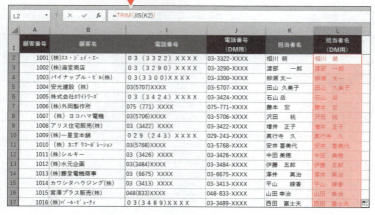

① セル【L2】の数式を「=TRIM(JIS(K2))」に修正します。
② セル【L2】を選択し、セル右下の■（フィルハンドル）をダブルクリックします。

数式がコピーされます。

Step 5 住所を分割する

1 都道府県名の取り出し

F列の住所から都道府県名だけを取り出します。住所から都道府県名を取り出す場合、「県」の位置に注目します。都道府県の中で「県」の位置が4文字なのは、神奈川県、和歌山県、鹿児島県だけで、ほかの都道府県はすべて3文字です。

住所の4文字目が「県」であれば住所の左端から4文字を取り出し、4文字目が「県」でない場合は、住所の左端から3文字を取り出すことで、都道府県名だけ取り出せます。

4文字目が「県」なので4文字取り出す
神奈川県横浜市…
1 2 3 4

4文字目が「県」ではないので3文字取り出す
東京都港区…
1 2 3 4

MID関数、LEFT関数、IF関数を使って、G列にF列の住所から都道府県名を取り出す数式を入力しましょう。

●セル【G2】の数式

= IF（MID（F2,4,1）="県",LEFT（F2,4）,LEFT（F2,3））
　　　　　❶　　　　　　　　　❷　　　　　　❸
　　　　　　　　　　　❹

❶セル【F2】の住所の4文字目から1文字を取り出す
❷セル【F2】の住所の左端から4文字を取り出す
❸セル【F2】の住所の左端から3文字を取り出す
❹❶の文字列が「県」であれば、❷の結果を表示し、そうでなければ❸の結果を表示する

①セル【G2】に「=IF（MID（F2,4,1）="県",LEFT（F2,4）,LEFT（F2,3））」と入力します。
②セル【G2】を選択し、セル右下の■（フィルハンドル）をダブルクリックします。
数式がコピーされます。

2 都道府県名以降の住所の取り出し

F列の住所から都道府県名以降の住所を取り出しましょう。
RIGHT関数とLEN関数を使います。

1 LEN関数

「LEN関数」を使うと、指定した文字列の文字数を求めることができます。

●LEN関数

指定した文字列の文字数を返します。全角半角に関係なく1文字を1と数えます。

=LEN（文字列）
　　　　❶

❶ 文字列
文字列またはセルを指定します。数字や記号、空白、句読点なども文字列に含まれます。

例：
=LEN（"東京都港区海岸1-16-1"）→13

---

2 都道府県名以降の住所の取り出し

RIGHT関数とLEN関数を使って、H列にF列の都道府県名以降の住所を取り出す数式を入力しましょう。
LEN関数を使って、住所全体と都道府県名の文字数を数え、RIGHT関数を使って、「**住所全体の文字数−都道府県名の文字数**」で求められる文字数分の文字を住所の右端から取り出します。

●セル【H2】の数式

　　　　　　　　　　❸
= RIGHT（F2, LEN（F2）-LEN（G2））
　　　　　　　❶　　　　❷

❶ セル【F2】の住所全体の文字数を求める
❷ セル【G2】の都道府県名の文字数を求める
❸ 「❶で求めた文字数-❷で求めた文字数」で求められる文字数分の文字をセル【F2】の右端から取り出す

① セル【H2】に「=RIGHT（F2,LEN（F2）-LEN（G2））」と入力します。
② セル【H2】を選択し、セル右下の■（フィルハンドル）をダブルクリックします。
数式がコピーされます。

STEP UP FIND関数・SEARCH関数

「FIND関数」と「SEARCH関数」は、検索する文字列が何番目にあるかを求める関数です。
FIND関数では英字の大文字と小文字は区別されますが、SEARCH関数は区別されません。
また、SEARCH関数では検索文字列にワイルドカード文字（?、*）が指定できます。

●FIND関数

対象から検索文字列を検索し、最初に現れる位置が先頭から何番目かを返します。
英字の大文字と小文字は区別されます。

=FIND（検索文字列, 対象, 開始位置）
　　　　　❶　　　❷　　❸

❶検索文字列
検索する文字列またはセルを指定します。

❷対象
検索対象となる文字列またはセルを指定します。

❸開始位置
検索を開始する位置を数値またはセルで指定します。数値は対象の先頭を1文字目として文字単位で指定します。
※「1」は省略できます。省略すると、先頭の文字列から検索を開始します。

例：
=FIND("e","Excel") →4

●SEARCH関数

対象から検索文字列を検索し、最初に現れる位置が先頭から何番目かを返します。
英字の大文字と小文字は区別されません。

=SEARCH（検索文字列, 対象, 開始位置）
　　　　　　❶　　　❷　　❸

❶検索文字列
検索する文字列またはセルを指定します。
※検索文字列にワイルドカード文字を使えます。

❷対象
検索対象となる文字列またはセルを指定します。

❸開始位置
検索を開始する位置を数値またはセルで指定します。数値は対象の先頭を1文字目として文字単位で指定します。
※「1」は省略できます。省略すると、先頭の文字列から検索を開始します。

例：
=SEARCH("e","Excel") →1

STEP UP 担当者名を姓と名に分割する

K列の担当者名の姓と名の間の空白の文字数が統一できていれば、空白の位置を利用して、姓と名を2列に分けることができます。空白の位置をFIND関数を使って求め、空白より前の文字列を「姓」、空白より後ろの文字列を「名」の列にそれぞれ取り出します。空白より前の文字列は、LEFT関数を使って取り出します。空白より後ろの文字列は、RIGHT関数を使って取り出します。

●M列とN列に姓と名を分割する場合

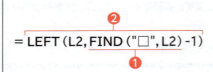

＝RIGHT(L2,LEN(L2)-FIND(" ",L2))
＝LEFT(L2,FIND(" ",L2)-1)

●セル【M2】の数式

❶セル【L2】の全角空白までの文字数を求める
※□は全角空白を表します。
❷「❶で求めた文字数-空白の文字数1文字」で求められる文字数分の文字列をセル【L2】の左端から取り出す

●セル【N2】の数式

```
        ❸
 ─────────────────
＝RIGHT(L2,LEN(L2)-FIND("□",L2))
           ❶      ❷
```

❶セル【L2】の担当者名全体の文字数を求める
❷セル【L2】の全角空白までの文字数を求める
※□は全角空白を表します。
❸「❶で求めた文字数-❷で求めた文字数」で求められる文字数分の文字列をセル【L2】の右端から取り出す

※FIND関数の代わりに、SEARCH関数を使っても同様の結果が求められます。

Step 6 重複データを削除する

1 重複データの表示

C列に同じ顧客名が入力されていないかを確認します。
「条件付き書式」を使うと、重複データが存在する場合、そのセルに特定の書式を設定して確認することができます。
C列の重複している顧客名に色を付けましょう。

①列番号**【C】**をクリックします。
②**《ホーム》**タブを選択します。
③**《スタイル》**グループの 条件付き書式 ▼（条件付き書式）をクリックします。
④**《セルの強調表示ルール》**をポイントします。
⑤**《重複する値》**をクリックします。

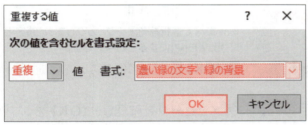

《重複する値》ダイアログボックスが表示されます。
⑥**《次の値を含むセルを書式設定》**の左側のボックスが**《重複》**になっていることを確認します。
⑦**《書式》**の ▼ をクリックし、一覧から**《濃い緑の文字、緑の背景》**を選択します。
⑧**《OK》**をクリックします。

重複データに書式が設定されます。
※任意のセルをクリックし、選択を解除しておきましょう。
※「株式会社藤堂電機商事」と「宮澤プラス販売株式会社」が重複しています。それぞれ住所や電話番号が同じであることを確認しておきましょう。

106

2　重複データの削除

「重複の削除」を使うと、表内の行を比較して、重複するデータが存在する場合にその行を削除できます。重複しているデータを削除しましょう。

① セル【A1】をクリックします。
※表内のセルであれば、どこでもかまいません。
②《データ》タブを選択します。
③ 2019/2016
　《データツール》グループの ■■（重複の削除）をクリックします。
　 2013
　《データツール》グループの ■■重複の削除（重複の削除）をクリックします。

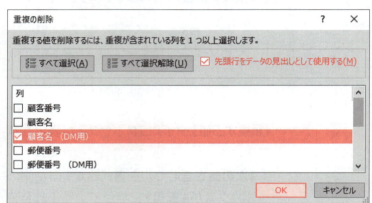

《重複の削除》ダイアログボックスが表示されます。
④《先頭行をデータの見出しとして使用する》を ☑ にします。
⑤《顧客名（DM用）》を ☑、それ以外の項目を □ にします。
※《すべて選択解除》をクリックして、《顧客名（DM用）》を ☑ にすると効率的です。
⑥《OK》をクリックします。

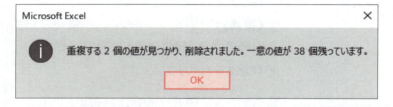

⑦ メッセージを確認し、《OK》をクリックします。

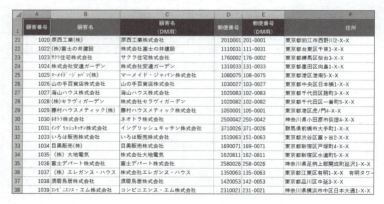

重複データが削除されます。
※顧客番号「1021」と「1032」のデータが削除されます。

POINT 重複の確認

重複の削除を実行すると、重複データがすぐに削除され、どの行が削除されたかを確認できません。あらかじめ重複データを確認したい場合は、条件付き書式で書式を設定しておくとよいでしょう。

POINT 《重複の削除》ダイアログボックス

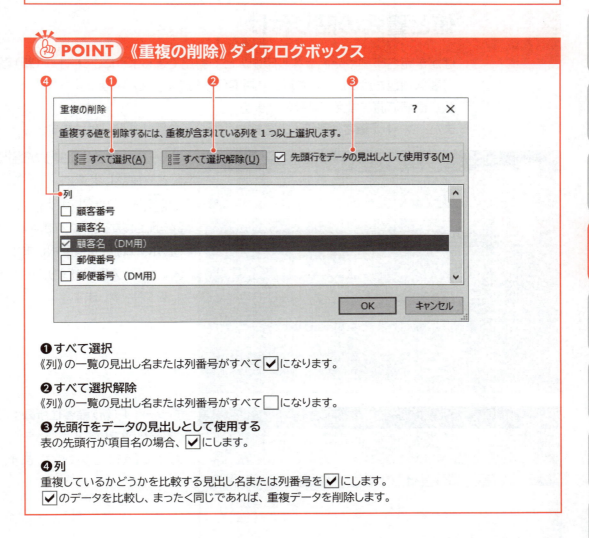

❶すべて選択
《列》の一覧の見出し名または列番号がすべて☑になります。

❷すべて選択解除
《列》の一覧の見出し名または列番号がすべて☐になります。

❸先頭行をデータの見出しとして使用する
表の先頭行が項目名の場合、☑にします。

❹列
重複しているかどうかを比較する見出し名または列番号を☑にします。
☑のデータを比較し、まったく同じであれば、重複データを削除します。

Step 7 新しい顧客住所録を作成する

1 値と書式の貼り付け

はがき宛名印刷や宛名ラベル印刷などで利用できるように、シート「(新)顧客住所録」に必要な項目だけコピーして新しい顧客住所録を作成しましょう。
数式は値に置き換えて貼り付けます。
また、シート「顧客住所録」の罫線や列幅などの書式も貼り付けます。

①シート「**顧客住所録**」が選択されていることを確認します。
②　をクリックします。
シート全体が選択されます。
③《**ホーム**》タブを選択します。
④《**クリップボード**》グループの　(コピー)をクリックします。

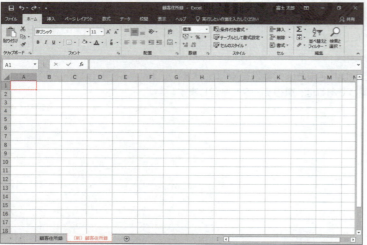

⑤シート「**(新)顧客住所録**」のシート見出しをクリックします。
⑥セル【**A1**】をクリックします。

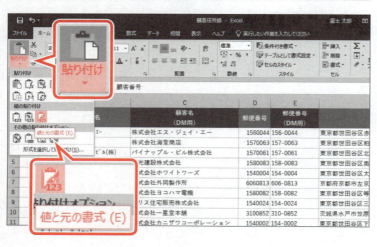

⑦《**クリップボード**》グループの　(貼り付け)の　をクリックします。
⑧《**値の貼り付け**》の　(値と元の書式)をクリックします。

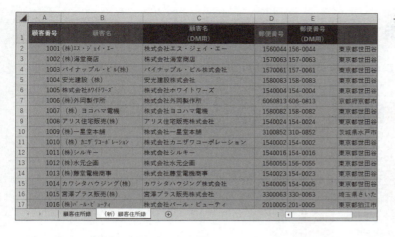

データの値と書式が貼り付けられます。

数式が値になっていることを確認します。

⑨セル【C2】をクリックします。

※その他のセルの数式も値になっていることを確認しておきましょう。

STEP UP その他の方法（値と元の書式の貼り付け）

◆コピー元のセルを選択→《ホーム》タブ→《クリップボード》グループの ▤ （コピー）→コピー先のセルを選択→《クリップボード》グループの ▤ （貼り付け）→ ▤ (Ctrl)▾ （貼り付けのオプション）→《値の貼り付け》の ▤ （値と元の書式）

2 不要な列の削除

シート「(新)顧客住所録」から不要な列（B列、D列、F列、I列、K列）を削除しましょう。

①列番号【B】【D】【F】【I】【K】を選択します。
※2列目以降は Ctrl を押しながら選択します。

②選択した列番号を右クリックします。
③《削除》をクリックします。

列が削除されます。
※任意のセルをクリックし、選択を解除しておきましょう。

Step8 ブックにパスワードを設定する

1 ブックのパスワードの設定

顧客住所録には、顧客の住所や電話番号、担当者名などの重要な情報が含まれています。顧客情報の漏えいを防ぐために、ブックにパスワードを設定しましょう。
ブックにパスワードを設定して保存すると、パスワードを知っているユーザーだけがブックを操作できるので、機密性を保つことができます。
ブックのパスワードには、次の2種類があります。

●**読み取りパスワード**
　パスワードを知っているユーザーだけがブックを開くことができます。
●**書き込みパスワード**
　パスワードを知っているユーザーだけがブックを開いて、上書き保存できます。

開いているブック「**顧客住所録**」に読み取りパスワードを設定し、「**新顧客住所録**」という名前で保存しましょう。

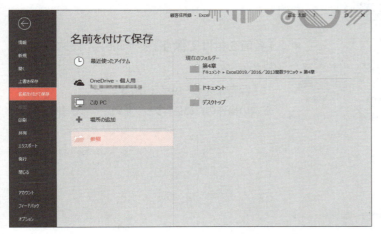

①《**ファイル**》タブを選択します。
②《**名前を付けて保存**》をクリックします。
③ 2019/2016
　《**参照**》をクリックします。
　 2013
　《**コンピューター**》をクリックします。
　《**参照**》をクリックします。

《**名前を付けて保存**》ダイアログボックスが表示されます。
④フォルダー「**第4章**」を開きます。
※《PC》→《ドキュメント》→「Excel2019/2016/2013関数テクニック」→「第4章」を選択します。
⑤《**ファイル名**》に「**新顧客住所録**」と入力します。
⑥《**ツール**》をクリックします。
⑦《**全般オプション**》をクリックします。

112

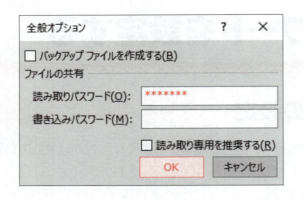

《全般オプション》ダイアログボックスが表示されます。

ブックを開くときのパスワードを設定します。

⑧《読み取りパスワード》に「kokyaku」と入力します。

※パスワードは、大文字と小文字が区別されます。注意して入力しましょう。

※入力したパスワードは「＊(アスタリスク)」で表示されます。

⑨《OK》をクリックします。

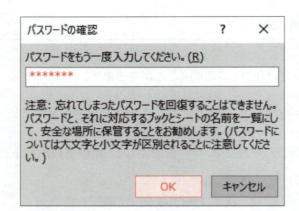

《パスワードの確認》ダイアログボックスが表示されます。

⑩《パスワードをもう一度入力してください。》に「kokyaku」と入力します。

⑪《OK》をクリックします。

《名前を付けて保存》ダイアログボックスに戻ります。

⑫《保存》をクリックします。

※次の操作のために、ブックを閉じておきましょう。

Let's Try ためしてみよう

読み取りパスワードを設定したブック「新顧客住所録」を開きましょう。

Let's Try Answer

①《ファイル》タブを選択
②《開く》をクリック
③ 2019/2016
　《参照》をクリック
　 2013
　《コンピューター》をクリック
　《参照》をクリック
④ フォルダー「第4章」の一覧から「新顧客住所録」を選択
※《PC》→《ドキュメント》→「Excel2019／2016／2013関数テクニック」→「第4章」を選択します。
⑤《開く》をクリック
⑥《パスワード》に「kokyaku」と入力
⑦《OK》をクリック

※ブックを閉じておきましょう。

POINT 《全般オプション》ダイアログボックス

ブックを開くときの読み取りパスワードや、変更内容を上書き保存するときの書き込みパスワードを設定します。また、バックアップファイルを作成したり、読み取り専用を推奨したりするように設定できます。

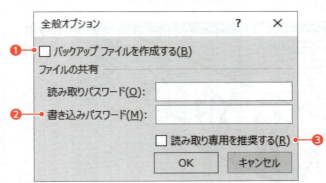

❶ バックアップファイルを作成する
保存するたびに、ブックのコピーを作成します。

❷ 書き込みパスワード
パスワードを知っているユーザーだけがブックを開いて上書き保存できるように、パスワードを設定します。書き込みパスワードを知らなくても読み取り専用でブックを開くことはできますが、上書き保存することはできません。

❸ 読み取り専用を推奨する
ブックを開くときに、読み取り専用で開くように推奨するメッセージが表示されます。

STEP UP ブックのパスワードの解除

ブックに設定したパスワードを解除する方法は、次のとおりです。

2019/2016

◆《ファイル》タブ→《名前を付けて保存》→《参照》→《ツール》→《全般オプション》→《読み取りパスワード》または《書き込みパスワード》のパスワードを削除→《OK》→《保存》

2013

◆《ファイル》タブ→《名前を付けて保存》→《コンピューター》→《参照》→《ツール》→《全般オプション》→《読み取りパスワード》または《書き込みパスワード》のパスワードを削除→《OK》→《保存》

STEP UP 重要データの取り扱い

住所録には、個人のプライバシーに関わる重要な情報が含まれています。
このような個人情報は、外部に漏えいして悪用されないように、担当者だけがアクセスできるような安全な場所に保管したり、パスワードを設定したりして厳重に管理する必要があります。
また、データだけではなく、印刷物にも配慮が必要です。できるだけ印刷は控え、どうしても印刷する必要がある場合は、「取扱注意」「CONFIDENTIAL」「持ち出し厳禁」などの文字を画像にして透かしとして設定しておくとよいでしょう。
印刷時に透かしを設定する方法は、次のとおりです。

◆《挿入》タブ→《テキスト》グループの ■ (ヘッダーとフッター) →ヘッダーまたはフッターのボックスをクリック→《デザイン》タブ→《ヘッダー/フッター要素》グループの ■ (図) →《ファイルから》の《参照》→ファイルの場所を選択→一覧から画像を選択→《挿入》

※挿入した画像を確認するには、ヘッダーまたはフッターのボックス以外をクリックします。
※透かしに設定する画像は、別途用意しておく必要があります。

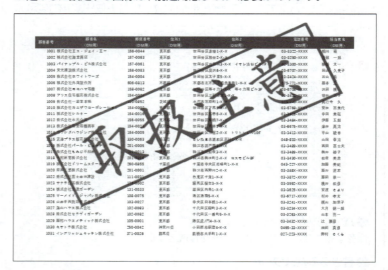

第5章

賃金計算書の作成

Step1	賃金計算書を確認する	117
Step2	事例と処理の流れを確認する	118
Step3	日付を自動的に入力する	121
Step4	実働時間を計算する	129
Step5	実働時間を合計する	136
Step6	給与を計算する	140
Step7	シートを保護する	145

Step1 賃金計算書を確認する

1 賃金計算書

一般的に、正社員として企業に雇用されている場合は、企業の就業規則によって1日の労働時間や月の就業日数が決められており、月給制で給与が支給されます。パートタイマーやアルバイトなどは、1日の労働時間や月の就業日数が固定でないことから、時給制または日給制で給与が支給されます。

時給制で給与が支給される場合は、複雑な集計処理が必要になります。手作業で集計処理を行うと手間や時間がかかりますが、Excelを使うと簡単に、正確に集計できます。

例えば、Excelで賃金計算書を作成すれば、タイムカードで打刻された時間を転記するだけで、瞬時に労働時間や賃金が計算され、1か月の支給額を集計できます。

さらに、単に労働時間を計算するだけでなく、就業規則に従って実働時間を算出したり、残業時間を算出したりすることもできます。

また、賃金以外に支給される交通費や日当などがある場合もまとめて管理できます。

賃金計算書（パートタイマー用） `オレンジの網かけ部分を入力`

年度	月度	開始日	～	締め日	従業員番号	氏名	フリガナ
2019	8	2019/8/1	～	2019/8/31	P0124	大西 真紀子	オオニシ マキコ

時間区分	時給	実働時間	小計	交通費/日	出勤日数	交通費
時間内	¥1,500	116.0h	¥174,000	¥740	15日	¥11,100
時間外	¥1,880	5.7h	¥10,716	支給総額		
合計		121.7h	¥184,716			¥195,816

日付	出勤/休暇	タイムカード打刻			実働時刻			実働時間		
		出勤	～	退勤	出勤	～	退勤	実働合計	時間内	時間外
1(木)	出勤	9:00	～	18:30	9:00	～	18:30	8:30	8:00	0:30
2(金)	出勤	8:50	～	18:00	9:00	～	18:00	8:00	8:00	
3(土)	休暇									
4(日)	休暇									
5(月)	出勤	9:02	～	17:36	9:02	～	17:36	7:34	7:34	
6(火)	出勤	9:05	～	18:35	9:05	～	18:35	8:30	8:00	0:30
7(水)	休暇									
8(木)	休暇									
9(金)	出勤	10:29	～	17:01	10:29	～	17:01	5:32	5:32	
10(土)	休暇									
11(日)	休暇									
12(月)	出勤	8:57	～	18:05	9:00	～	18:05	8:05	8:00	0:05
13(火)	出勤	8:45	～	19:14	9:00	～	19:14	9:14	8:00	1:14
14(水)	休暇									
15(木)	出勤	8:58	～	18:51	9:00	～	18:51	8:51	8:00	0:51
16(金)	休暇									
17(土)	休暇									
18(日)	休暇									
19(月)	出勤	8:50	～	17:35	9:00	～	17:35	7:35	7:35	
20(火)	出勤	8:51	～	19:20	9:00	～	19:20	9:20	8:00	1:20
21(水)	出勤	8:50	～	17:34	9:00	～	17:34	7:34	7:34	
22(木)	休暇									
23(金)	休暇									
24(土)	休暇									
25(日)	休暇									
26(月)	出勤	8:53	～	18:39	9:00	～	18:39	8:39	8:00	0:39
27(火)	出勤	8:43	～	17:40	9:00	～	17:40	7:40	7:40	
28(水)	出勤	9:01	～	18:32	9:01	～	18:32	8:31	8:00	0:31
29(木)	出勤	8:24	～	18:01	9:00	～	18:01	8:01	8:00	0:01
30(金)	休暇									
31(土)	休暇									

Step2 事例と処理の流れを確認する

1 事例

具体的な事例をもとに、どのような賃金計算書を作成するのかを確認しましょう。

●事例

パートタイマーの増員を見込んでいる企業で、パートタイマー用の賃金計算書の作成を検討しています。

これまでは、パートタイマーの人数が少なかったので、タイムカードの時刻をもとに、電卓を使って、手作業で実働時間や賃金を計算していました。

これからは、Excelの賃金計算書を使って、タイムカードの時刻を転記するだけで、実働時間や賃金が算出されるように事務処理を効率化したいと考えています。

●賃金支給の条件

この企業におけるパートタイマーの賃金支給の条件は、次のとおりです。

- 標準の勤務時間は「9:00～17:30」とし、9:00前に出勤しても出勤時刻は9:00となる。
- 昼休みは「12:00～13:00」の1時間とする。
- 実働が8時間を超えた場合は時間外扱いにし、時間外の時給は、通常の25%増しになる。
- 1か月の実働合計は6分単位とし、端数は切り上げとする。
- 交通費は出勤した日数分支給される。

2 処理の流れ

氏名、年月、タイムカードの時刻を入力するだけで、賃金計算書が完成するように、表にあらかじめ関数などの数式を入力します。また、誤って必要な数式を消したり、書式が崩れたりすることを防ぐために、入力する箇所以外は編集できないようにシートを保護します。

シートを保護

1 作成する賃金計算書の確認

入力するセルと関数などの数式を使って自動入力させるセルをそれぞれ確認しましょう。

●入力するセル

賃金計算書（パートタイマー用） オレンジの網かけ部分を入力

年度	月度	開始日	～	締め日	従業員番号	氏名		フリガナ	
2019	8	2019/8/1	～	2019/8/31	P0124	大西　真紀子		オオニシ　マキコ	

時間区分		時給	実働時間	小計	交通費/日	出勤日数	交通費
時間内		¥1,500	116.0h	¥174,000	¥740	15日	¥11,100
時間外		¥1,880	5.7h	¥10,716	支給総額		
合計			121.7h	¥184,716			¥195,816

日付	出勤/休暇	タイムカード打刻			実働時刻			実働時間		
		出勤	～	退勤	出勤	～	退勤	実働合計	時間内	時間外
1(木)	出勤	9:00	～	18:30	9:00	～	18:30	8:30	8:00	0:30
2(金)	出勤	8:50	～	18:00	9:00	～	18:00	8:00	8:00	
3(土)	休暇									
4(日)	休暇									
5(月)	出勤	9:02	～	17:36	9:02	～	17:36	7:34	7:34	
6(火)	出勤	9:05	～	18:35	9:05	～	18:35	8:30	8:00	0:30
7(水)	休暇									
8(木)	休暇									
9(金)	出勤	10:29	～	17:01	10:29	～	17:01	5:32	5:32	
10(土)	休暇									
11(日)	休暇									
12(月)	出勤	8:57	～	18:05	9:00	～	18:05	8:05	8:00	0:05
13(火)	出勤	8:45	～	19:14	9:00	～	19:14	9:14	8:00	1:14
14(水)	休暇									
15(木)	出勤	8:58	～	18:51	9:00	～	18:51	8:51	8:00	0:51
16(金)	休暇									
17(土)	休暇									
18(日)	休暇									
19(月)	出勤	8:50	～	17:35	9:00	～	17:35	7:35	7:35	
20(火)	出勤	8:51	～	19:20	9:00	～	19:20	9:20	8:00	1:20
21(水)	出勤	8:50	～	17:34	9:00	～	17:34	7:34	7:34	
22(木)	休暇									
23(金)	休暇									
24(土)	休暇									
25(日)	休暇									
26(月)	出勤	8:53	～	18:39	9:00	～	18:39	8:39	8:00	0:39
27(火)	出勤	8:43	～	17:40	9:00	～	17:40	7:40	7:40	
28(水)	出勤	9:01	～	18:32	9:01	～	18:32	8:31	8:00	0:31
29(木)	出勤	8:24	～	18:01	9:00	～	18:01	8:01	8:00	0:01
30(金)	休暇									
31(土)	休暇									

119

●関数などを使って自動入力させるセル

時間内の時給を入力すると、時間外の時給が算出される

年度と月度を入力すると、開始日と締め日が表示される

氏名を入力すると、フリガナが表示される

1か月の実働時間が表示されると、給与が算出される

出勤/休暇に出勤と表示されている日数が算出される

交通費/日を入力すると、出勤日数に応じた交通費が算出される

1か月の実働時間と交通費が表示されると、支給総額が算出される

賃金計算書（パートタイマー用）

オレンジの網かけ部分を入力

年度	月度	開始日	～	締め日	従業員番号	氏名		フリガナ
2019	8	2019/8/1	～	2019/8/31	P0124	大西　真紀子		オオニシ　マキコ

時間区分		時給	実働時間		小計	交通費/日	出勤日数		交通費
時間内		¥1,500	116.0h		¥174,000	¥740	15日		¥11,100
時間外		¥1,880	5.7h		¥10,716		支給総額		
合計			121.7h		¥184,716				¥195,816

日付	出勤/休暇	タイムカード打刻			実働時刻			実働時間		
		出勤	～	退勤	出勤	～	退勤	実働合計	時間内	時間外
1(木)	出勤	9:00	～	18:30	9:00	～	18:30	8:30	8:00	0:30
2(金)	出勤	8:50	～	18:00	9:00	～	18:00	8:00	8:00	
3(土)	休暇									
4(日)	休暇									
5(月)	出勤	9:02	～	17:36	9:02	～	17:36	7:34	7:34	
6(火)	出勤	9:05	～	18:35	9:05	～	18:35	8:30	8:00	0:30
7(水)	休暇									
8(木)	休暇									
9(金)	出勤	10:29	～	17:01	10:29	～	17:01	5:32	5:32	
10(土)	休暇									
11(日)	休暇									
12(月)	出勤	8:57	～	18:05	9:00	～	18:05	8:05	8:00	0:05
13(火)	出勤	8:45	～	19:14	9:00	～	19:14	9:14	8:00	1:14
14(水)	休暇									
15(木)	出勤	8:58	～	18:51	9:00	～	18:51	8:51	8:00	0:51
16(金)	休暇									
17(土)	休暇									
18(日)	休暇									
19(月)	出勤	8:50	～	17:35	9:00	～	17:35	7:35	7:35	
20(火)	出勤	8:51	～	19:20	9:00	～	19:20	9:20	8:00	1:20
21(水)	出勤	8:50	～	17:34	9:00	～	17:34	7:34	7:34	
22(木)	休暇									
23(金)	休暇									
24(土)	休暇									
25(日)	休暇									
26(月)	出勤	8:53	～	18:39	9:00	～	18:39	8:39	8:00	0:39
27(火)	出勤	8:43	～	17:40	9:00	～	17:40	7:40	7:40	
28(水)	出勤	9:01	～	18:32	9:01	～	18:32	8:31	8:00	0:31
29(木)	出勤	8:24	～	18:01	9:00	～	18:01	8:01	8:00	0:01
30(金)	休暇									
31(土)	休暇									

実働時刻の出勤と退勤が表示されると、実働時間が表示される

タイムカード打刻の出勤または退勤を入力すると、出勤/休暇に出勤と表示される

タイムカード打刻の退勤を入力すると、実働時刻の退勤が表示される

タイムカード打刻の出勤を入力すると、実働時刻の出勤が表示される

開始日と締め日が表示されると、日付が表示される

Step3 日付を自動的に入力する

第5章 賃金計算書の作成

1 開始日と締め日の自動入力

年度と月度をもとに開始日と締め日を表示しましょう。また、年度または月度が入力されていないときは、何も表示されないようにします。
DATE関数、OR関数、IF関数を使います。

1 DATE関数・OR関数

「DATE関数」を使うと、年、月、日のデータから日付を求めることができます。
「OR関数」を使うと、指定した複数の論理式のいずれかを満たしているかどうかを判定できます。IF関数の条件として、OR関数を使うと複雑な条件判断が可能になります。
複数の論理式を指定するときに使う関数には、OR関数以外に、AND関数があります。

●DATE関数

指定された日付に対応するシリアル値を返します。

$$=DATE(年, 月, 日)$$
　　　　　❶　❷　❸

❶ 年
年を表す数値やセルを指定します。1900～9999までの整数で指定します。
❷ 月
月を表す数値やセルを指定します。
12より大きい数値を指定すると、次の年以降の月として計算されます。
❸ 日
日を表す数値やセルを指定します。
その月の最終日を超える数値を指定すると、次の月以降の日付として計算されます。

●OR関数

指定した複数の論理式のうち、いずれかひとつでも満たす場合は、真（TRUE）を返します。
すべて満たさない場合には、偽（FALSE）を返します。

$$=OR(論理式1, 論理式2, ・・・)$$
　　　　　　　　❶

❶ 論理式
条件を満たしているかどうかを調べる論理式を指定します。最大255個まで指定できます。

例：
=OR(C2="りんご",C2="みかん")
セル【C2】が「りんご」または「みかん」であれば「TRUE」、そうでなければ「FALSE」を返します。

=IF(OR(C2="りんご",C2="みかん"),"購入する","購入しない")
セル【C2】が「りんご」または「みかん」であれば「購入する」、そうでなければ「購入しない」を表示します。

2 開始日の自動入力

DATE関数を使って、セル【B4】の年度とセル【C4】の月度をもとに、セル【D4】に開始日を表示する数式を入力しましょう。また、IF関数とOR関数を使って、セル【B4】またはセル【C4】が入力されていないときは、何も表示されないようにします。

●セル【D4】の数式

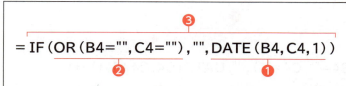

❶セル【B4】の数値「2019」を年、セル【C4】の数値「8」を月、「1」を日とした日付を表示する
❷「セル【B4】またはセル【C4】が空データである」という条件
❸❷の条件のいずれかを満たす場合は何も表示せず、満たさない場合は❶の結果を表示する

File OPEN　フォルダー「第5章」のブック「賃金計算書」を開いておきましょう。

①セル【D4】に「=IF(OR(B4="",C4=""),"",DATE(B4,C4,1))」と入力します。
※セル【D4】には、あらかじめ日付の表示形式が設定されています。
※セル【E4】に「～」が表示されます。

POINT 「～」の自動入力

セル【E4】には、あらかじめ「=IF(D4="","","～")」という数式が入力されています。セル【D4】の開始日が入力されていないときは何も表示せず、セル【D4】が入力されると「～」が表示されます。
※セル範囲【E13:E43】、セル範囲【H13:H43】にも同様の数式が入力されています。

3 締め日の自動入力

DATE関数を使って、セル【F4】に締め日を表示する数式を入力しましょう。締め日は各月の最終日とし、「翌月の開始日−1」で求められます。また、IF関数とOR関数を使って、セル【B4】またはセル【C4】が入力されていないときは、何も表示されないようにします。

●セル【F4】の数式

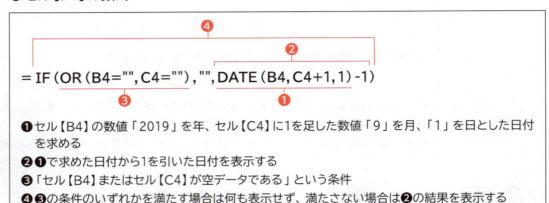

❶ セル【B4】の数値「2019」を年、セル【C4】に1を足した数値「9」を月、「1」を日とした日付を求める
❷ ❶で求めた日付から1を引いた日付を表示する
❸ 「セル【B4】またはセル【C4】が空データである」という条件
❹ ❸の条件のいずれかを満たす場合は何も表示せず、満たさない場合は❷の結果を表示する

①セル【F4】に「=IF(OR(B4="",C4=""),"",DATE(B4,C4+1,1)-1)」と入力します。

※セル【F4】には、あらかじめ日付の表示形式が設定されています。

2 日付の自動入力

セル【D4】の開始日をもとに、セル範囲【B13:B43】に日付を表示しましょう。
セル【B13】は開始日を参照し、それ以降は上の行の日付に1を足して、翌日の日付が表示されるように数式を入力します。また、IF関数を使って、締め日を過ぎた日付は表示されないようにします。

●セル【B14】の数式

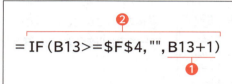

❶セル【B13】に1を足して翌日の日付を求める
❷セル【B13】がセル【F4】の締め日以降であれば何も表示せず、そうでなければ❶の結果を表示する

①セル【B13】に「=D4」と入力します。
※セル【B13】には、あらかじめ「d(aaa)」の表示形式が設定されています。

②セル【B14】に「=IF(B13>=$F$4,"",B13+1)」と入力します。
※数式をコピーするため、セル【F4】は常に同じセルを参照するように絶対参照にしておきます。

③セル【B14】を選択し、セル右下の■(フィルハンドル)をダブルクリックします。

数式がコピーされ、📋（オートフィルオプション）が表示されます。

④ 📋▾（オートフィルオプション）をクリックします。

※ 📋 をポイントすると、📋▾ になります。

⑤《書式なしコピー（フィル）》をクリックします。

※コピー元とコピー先の罫線の種類が異なるため、書式以外をコピーします。

罫線がもとの表示に戻ります。

※任意のセルをクリックし、選択を解除しておきましょう。

3　出勤/休暇区分の自動入力

タイムカード打刻の出勤と退勤をもとに、出勤/休暇に「**出勤**」または「**休暇**」の文字列を表示しましょう。タイムカード打刻の出勤と退勤のどちらにも時刻が入力されていない場合は休暇、どちらかに時刻が入力されていれば出勤とみなします。また、B列の日付が入力されていないときは、何も表示されないようにします。

2019 AND関数とIFS関数を使います。

2016/2013 AND関数とIF関数を使います。

1 AND関数

「AND関数」を使うと、指定したすべての論理式を満たしているかどうかを判定できます。

●AND関数

指定した複数の論理式をすべて満たす場合は、真（TRUE）を返します。
いずれかひとつでも満たさない場合は、偽（FALSE）を返します。最大255個まで指定できます。

=AND（論理式1, 論理式2, ・・・）
　　　　　　❶

❶論理式
条件を満たしているかどうかを調べる論理式を指定します。最大255個まで指定できます。

例：
=AND（C2="りんご", D2="青森"）
セル【C2】が「りんご」かつセル【D2】が「青森」であれば「TRUE」、そうでなければ「FALSE」を返します。

=IF（AND（C2="りんご", D2="青森"）, "購入する", "購入しない"）
セル【C2】が「りんご」かつセル【D2】が「青森」であれば「購入する」、そうでなければ「購入しない」を表示します。

2 IFS関数

「IFS関数」を使うと、複数の条件を順番に判断し、条件に応じて異なる結果を求めることができます。条件には、以上や以下などの比較演算子を使った数式も指定できます。IFS関数は条件によって複数の処理に分岐したい場合に使います。

●IFS関数

「論理式1」が真（TRUE）の場合は「真の場合1」の値を返し、偽（FALSE）の場合は「論理式2」を判断します。「論理式2」が真（TRUE）の場合は「真の場合2」の値を返し、偽（FALSE）の場合は「論理式3」を判断します。最後の論理式にTRUEを指定すると、すべての論理式に当てはまらなかった場合の値を返すことができます。

=IFS（論理式1,真の場合1,論理式2,真の場合2,・・・,TRUE,当てはまらなかった場合）
　　　 ❶　　　　❷　　　　 ❸　　　　❹　　　　　　 ❺　　　　　❻

---

❶ 論理式1
判断の基準となる1つ目の条件を式で指定します。

❷ 真の場合1
1つ目の論理式が真の場合の値を数値または数式、文字列で指定します。
「論理式」と「真の場合」の組み合わせは、127個まで指定できます。

❸ 論理式2
判断の基準となる2つ目の条件を式で指定します。

❹ 真の場合2
2つ目の論理式が真の場合の値を数値または数式、文字列で指定します。

❺ TRUE
TRUEを指定すると、すべての論理式に当てはまらなかった場合を指定できます。

❻ 当てはまらなかった場合
すべての論理式に当てはまらなかった場合の値を数値または数式、文字列で指定します。

例：
=IFS（A1>=80,"○",A1>=40,"△",TRUE,"×"）
セル【A1】が「80」以上であれば「○」、「40」以上であれば「△」、そうでなければ「×」を表示します。

👆POINT　IF関数のネスト

IFS関数に対応していないバージョンの場合は、「IF関数」を組み合わせて（ネスト）、複数の条件を判断します。

---

3 出勤/休暇区分の自動入力

IFS関数とAND関数を使って、セル範囲【C13：C43】にタイムカード打刻の出勤と退勤のどちらにも時刻が入力されていないときは「**休暇**」と表示し、どちらかに時刻が入力されているときは「**出勤**」と表示される数式を入力しましょう。さらに、B列の日付が表示されていないときは、何も表示されないようにします。

126

●セル【C13】の数式

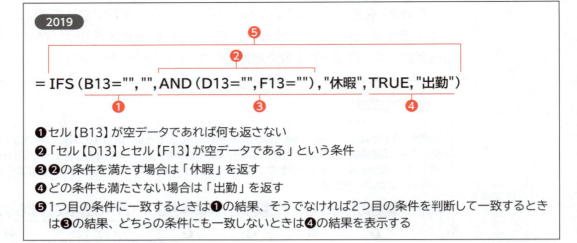

❶セル【B13】が空データであれば何も返さない
❷「セル【D13】とセル【F13】が空データである」という条件
❸❷の条件を満たす場合は「休暇」を返す
❹どの条件も満たさない場合は「出勤」を返す
❺1つ目の条件に一致するときは❶の結果、そうでなければ2つ目の条件を判断して一致するときは❸の結果、どちらの条件にも一致しないときは❹の結果を表示する

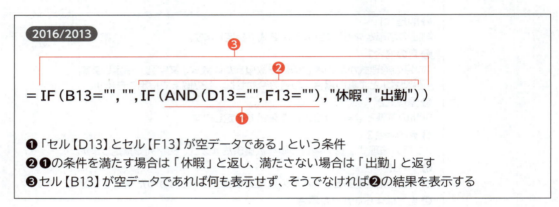

❶「セル【D13】とセル【F13】が空データである」という条件
❷❶の条件を満たす場合は「休暇」と返し、満たさない場合は「出勤」と返す
❸セル【B13】が空データであれば何も表示せず、そうでなければ❷の結果を表示する

① **2019**
セル【C13】に「=IFS(B13="","",AND(D13="",F13=""),"休暇",TRUE,"出勤")」と入力します。

2016/2013
セル【C13】に「=IF(B13="","",IF(AND(D13="",F13=""),"休暇","出勤"))」と入力します。

②セル【C13】を選択し、セル右下の■（フィルハンドル）をダブルクリックします。

数式がコピーされます。

※コピー元とコピー先の罫線の種類が異なるため、書式以外をコピーします。■▼（オートフィルオプション）をクリックして、《書式なしコピー（フィル）》をクリックしておきましょう。

STEP UP NOT関数

「NOT関数」を使うと、論理式が真（TRUE）のときは偽（FALSE）を返し、論理式が偽（FALSE）のときは真（TRUE）を返します。ある値が特定の値と等しくないことを確認するときに使います。

●NOT関数

論理式がTRUEの場合はFALSEを、FALSEの場合はTRUEを返します。

=NOT（論理式）
　　　　❶

❶論理式
条件を満たしていないかどうかを調べる論理式を指定します。

例：
=NOT(E2="りんご")
セル【E2】が「りんご」でなければ「TRUE」、「りんご」であれば「FALSE」を返します。

=IF(NOT(E2="りんご"),"購入する","購入しない")
セル【E2】が「りんご」でなければ「購入する」、「りんご」であれば「購入しない」を表示します。

STEP UP ふりがなの表示（PHONETIC関数）

「PHONETIC関数」を使うと、セル【K4】のように、指定したセルのふりがなを表示することができます。

●PHONETIC関数

指定したセルのふりがなを表示します。

=PHONETIC（参照）
　　　　　　　❶

❶参照
ふりがなを取り出すセルやセル範囲を指定します。引数に直接文字列を入力することはできません。
※セル範囲を指定したときは、範囲内の文字列のふりがなをすべて結合して表示します。

例：
セル【H4】のふりがなを表示します。

PHONETIC関数で表示されるふりがなは、セルに入力したときの文字列（読み）になります。表示されたふりがなが実際のふりがなと異なる場合は、入力したふりがなを修正する必要があります。
ふりがなを修正する方法は、次のとおりです。

◆PHONETIC関数で参照しているセルを選択→《ホーム》タブ→《フォント》グループの（ふりがなの表示/非表示）の→《ふりがなの編集》

また、初期の状態では、ふりがなは全角カタカナで表示されます。ひらがなや半角カタカナに変更したいときは、《ふりがなの設定》ダイアログボックスを使います。
ふりがなの種類を変更する方法は、次のとおりです。

◆PHONETIC関数で参照しているセルを選択→《ホーム》タブ→《フォント》グループの（ふりがなの表示/非表示）の→《ふりがなの設定》→《ふりがな》タブ

128

Step 4 実働時間を計算する

1 実働時刻（出勤）の算出

賃金計算の対象となる出勤時刻を求めましょう。
実働の開始時刻は9：00とします。9：00前に出勤していても、賃金計算の対象となる実働の出勤時刻は9：00になります。
また、9：00以降に出勤した場合は、タイムカードの打刻をそのまま実働の出勤時刻とします。
よって、実働の出勤時刻は、9：00とタイムカードの打刻の2つの時刻を比較し、遅い時刻を表示することで求められます。
Excelでは、時刻の形式で入力するとシリアル値に変換されるため、時刻同士を比較したり、計算したりすることが簡単にできます。
MAX関数とIF関数を使います。

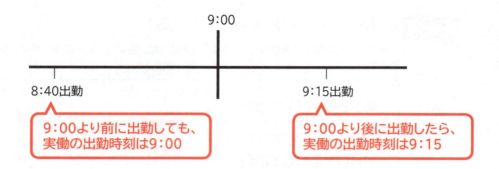

POINT 時刻のシリアル値

「8：30」や「8時30分」のように入力すると、セルに時刻の表示形式が自動的に設定されます。実際にセルに格納されるのは、「シリアル値」と呼ばれる数値です。シリアル値とは、Excelで日付や時刻の計算に使用される値のことです。
時刻のシリアル値では、1日（24時間）が数値の「1」として管理されており、24時間未満の時刻は、午前0時を「0」として、小数点以下の数値で表されます。
セルの表示形式を標準にすると、シリアル値を確認できます。

●時刻表示とシリアル値

時刻表示	シリアル値
6:00	0.25
12:00	0.5
24:00	1
36:00	1.5
48:00	2

1 MAX関数

「MAX関数」を使うと、引数に指定したセル範囲や数値の中から最大値を求めることができます。

●MAX関数

引数の数値の中から最大値を返します。

=MAX(数値1, 数値2, ・・・)
　　　　　❶

❶数値
最大値を求めるセル範囲や数値などを指定します。最大255個まで指定できます。

2 実働時刻（出勤）の算出

セル【G13】に、実働の出勤時刻を求める数式を入力しましょう。実働の出勤時刻は、MAX関数を使って、タイムカードの打刻と9：00を比較し、シリアル値の大きい方（遅い時刻）を表示します。また、IF関数を使って、セル【D13】の出勤時刻が入力されていないときは、何も表示されないようにします。

●セル【G13】の数式

　　　　　　　　　❷
= IF (D13="","",MAX (D13,"9：00"))
　　　　　　　　　❶

❶ セル【D13】の時刻と9：00を比較して、シリアル値の大きい時刻を返す
❷ セル【D13】が空データであれば何も表示せず、そうでなければ❶の結果を表示する

=IF(D13="","",MAX(D13,"9:00"))

	A	B	C	D	E	F	G	H	I	J
10										
11		日付	出勤/休暇	タイムカード打刻			実働時刻			実働合計
12				出勤	～	退勤	出勤	～	退勤	
13		1(木)	出勤	9:00	～	18:30	9:00	～		
14		2(金)	出勤	8:50	～	18:00	9:00			
15		3(土)	休暇							
16		4(日)	休暇							
17		5(月)	出勤	9:02	～	17:36	9:02	～		
18		6(火)	出勤	9:05	～	18:35	9:05	～		
19		7(水)	休暇							
20		8(木)	休暇							
21		9(金)	出勤	10:29	～	17:01	10:29	～		
22		10(土)	休暇							
23		11(日)	休暇							
24		12(月)	出勤	8:57	～	18:05	9:00	～		
25		13(火)	出勤	8:45	～	19:14	9:00	～		
26		14(水)	休暇							

①セル【G13】に「=IF(D13="","",MAX(D13,"9：00"))」と入力します。
※時刻を数式で使う場合は、時刻を「"（ダブルクォーテーション）」で囲んで文字列として入力します。
※セル【G13】には、あらかじめ時刻の表示形式が設定されています。
※セル【H13】に「～」が表示されます。
②セル【G13】を選択し、セル右下の■（フィルハンドル）をダブルクリックします。

数式がコピーされます。
※コピー元とコピー先の罫線の種類が異なるため、書式以外をコピーします。 （オートフィルオプション）をクリックして、《書式なしコピー（フィル）》をクリックしておきましょう。

 **TIME関数**

セル【G13】の数式では、時刻を「"(ダブルクォーテーション)」で囲んで文字列として入力しています。
数式で時刻を使うには、TIME関数を使う方法もあります。
「TIME関数」を使うと、時、分、秒の数値をシリアル値に変換して時刻を求めることができます。

●TIME関数

指定された時刻に対応するシリアル値を返します。

=TIME(時, 分, 秒)
       ❶ ❷ ❸

❶ 時
時を表す数値またはセルを指定します。
❷ 分
分を表す数値またはセルを指定します。
❸ 秒
秒を表す数値またはセルを指定します。

例:

	A	B	C	D	E	F	G	H	I
10									
11		日付	出勤/休暇	タイムカード打刻			実働時刻		
12				出勤	～	退勤	出勤	～	退勤
13		1(木)	出勤	9:00	～	18:30	9:00	～	
14		2(金)	出勤	8:50	～	18:00	9:00	～	
15		3(土)	休暇						

G13: =IF(D13="","",MAX(D13,TIME(9,0,0)))

---

2 実働時刻(退勤)の算出

賃金計算の対象となる退勤時刻を求めましょう。実働の退勤時刻はタイムカードの打刻どおりとします。セル【I13】に、セル【F13】の退勤時刻を表示する数式を入力しましょう。また、IF関数を使って、セル【F13】の退勤時刻が入力されていないときは、何も表示されないようにします。

●セル【I13】の数式

= IF (F13="" , "" , F13)
           ❶

❶セル【F13】が空データであれば何も表示せず、そうでなければセル【F13】の時刻を表示する

=IF(F13="","",F13)

	B	C	D	E	F	G	H	I	J
			ード打刻			実働時刻			
					退勤	出勤	～	退勤	実働合計
13	1(木)	出勤	9:00	～	18:30	9:00	～	18:30	
14	2(金)	出勤	8:50	～	18:00	9:00	～	18:00	
15	3(土)	休暇							
16	4(日)	休暇							
17	5(月)	出勤	9:02	～	17:36	9:02	～	17:36	
18	6(火)	出勤	9:05	～	18:35	9:05	～	18:35	
19	7(水)	休暇							
20	8(木)	休暇							

①セル【I13】に「=IF(F13="","",F13)」と入力します。

※セル【I13】には、あらかじめ時刻の表示形式が設定されています。

②セル【I13】を選択し、セル右下の■(フィルハンドル)をダブルクリックします。

数式がコピーされます。

※コピー元とコピー先の罫線の種類が異なるため、書式以外をコピーします。 ■・(オートフィルオプション)をクリックして、《書式なしコピー(フィル)》をクリックしておきましょう。

3 実働合計の算出

実働時刻の出勤と退勤をもとに1日の実働時間の合計を求めましょう。
昼休みの1時間は、実働時間には含めません。また、実働時刻の出勤または退勤に何も表示されていないときは、エラーが表示されないようにします。
エラーの非表示には、IFERROR関数を使います。

1 実働合計の算出

セル【J13】に、1日の実働時間の合計を求める数式を入力しましょう。1日の実働時間は、
「実働時刻の退勤－実働時刻の出勤－昼休み」で求められます。

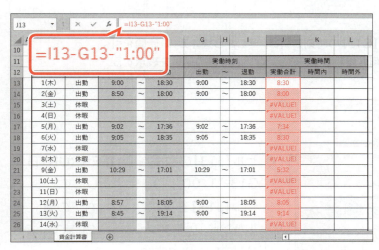

① セル【J13】に「=I13-G13-"1:00"」と入力します。
※セル【J13】には、あらかじめ時刻の表示形式が設定されています。

② セル【J13】を選択し、セル右下の■（フィルハンドル）をダブルクリックします。

数式がコピーされます。

※コピー元とコピー先の罫線の種類が異なるため、書式以外をコピーします。 ■▼ （オートフィルオプション）をクリックして、《書式なしコピー（フィル）》をクリックしておきましょう。
※実働時刻の出勤と退勤が表示されていない行に、エラーが表示されていることを確認しておきましょう。

2 IFERROR関数

「IFERROR関数」を使うと、数式がエラーかどうかをチェックして、エラーの場合は指定の値を表示し、エラーでない場合は数式の結果を表示することができます。

●IFERROR関数

数式がエラーの場合、指定の値を返し、エラーでない場合は数式の結果を返します。

=IFERROR（値, エラーの場合の値）
　　　　　　❶　　　❷

❶値
判断の基準となる数式を指定します。
❷エラーの場合の値
数式の結果がエラーの場合に返す値を指定します。

例：
受講率を求める数式の計算結果がエラーの場合、「入力待ち」と表示します。

3 エラーの非表示

G列またはI列に時刻が表示されていないと、J列の実働合計にエラーが表示されます。このような場合、IF関数とOR関数を使ってエラーを表示させないようにすることもできますが、IFERROR関数を使うと簡単にエラーを非表示にすることができます。
IFERROR関数を使って、G列またはI列が表示されていないときは、何も表示されないように数式を編集しましょう。

●セル【J13】の数式

❶セル【I13】の時刻からセル【G13】の時刻を引き、そこから昼休みの1時間を引く
❷❶の数式がエラーであれば何も表示せず、そうでなければ❶の結果を表示する

①セル【J13】の数式を「=IFERROR(I13-G13-"1：00","")」に修正します。

②セル【J13】を選択し、セル右下の■（フィルハンドル）をダブルクリックします。

数式がコピーされます。

※コピー元とコピー先の罫線の種類が異なるため、書式以外をコピーします。■▼（オートフィルオプション）をクリックして、《書式なしコピー（フィル）》をクリックしておきましょう。

STEP UP 昼休みの時間が固定でない場合

昼休みの時間が日ごとに変わるような場合は、次のように昼休みの欄を追加することで対応できます。

●G列に「昼休憩」の入力欄を追加した場合

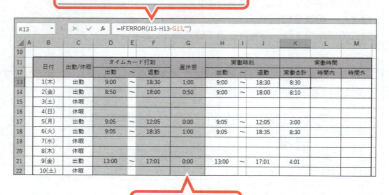

昼休憩の列を追加

4 時間内と時間外の算出

1日の実働時間のうち8時間以内の実働は「**時間内**」、8時間を超える実働は「**時間外**」として、時間内と時間外の実働時間を求めましょう。

●9:00～18:30まで勤務した場合

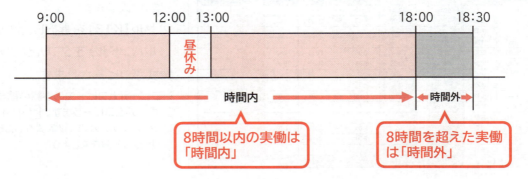

時間内の実働時間は、MIN関数とIF関数を使って求めます。
時間外の実働時間は、IF関数を使って求めます。

1 MIN関数

「MIN関数」を使うと、引数に指定したセル範囲や数値の中から最小値を求めることができます。

●MIN関数

引数の数値の中から最小値を返します。

＝MIN（数値1, 数値2, ・・・）
　　　　　❶

❶数値
最小値を求めるセル範囲や数値などを指定します。最大255個まで指定できます。

---

2 時間内の算出

セル【K13】に、時間内の実働時間を求める数式を入力しましょう。

時間内の実働時間は8時間までです。MIN関数を使って、1日の実働時間の合計と8:00を比較してシリアル値の小さい方の時刻を表示します。また、IF関数を使って、セル【J13】の実働合計が表示されていないときは、何も表示されないようにします。

●セル【K13】の数式

❶セル【J13】の時刻と8:00を比較して、シリアル値の小さい時刻を返す
❷セル【J13】が空データであれば何も表示せず、そうでなければ❶の結果を表示する

134

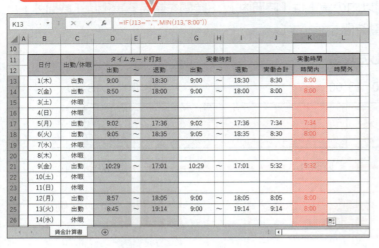

① セル【K13】に「=IF(J13="","",MIN(J13,"8:00"))」と入力します。

※セル【K13】には、あらかじめ時刻の表示形式が設定されています。

② セル【K13】を選択し、セル右下の■（フィルハンドル）をダブルクリックします。

数式がコピーされます。

※コピー元とコピー先の罫線の種類が異なるため、書式以外をコピーします。（オートフィルオプション）をクリックして、《書式なしコピー（フィル）》をクリックしておきましょう。

3 時間外の算出

セル【L13】に、時間外の実働時間を求める数式を入力しましょう。

時間外の実働時間は8時間を超えた実働時間です。「**実働合計－時間内**」で求められます。ただし、時間外の実働時間がない場合は、何も表示されないようにします。時間外がない場合は、実働合計と時間内に同じ値が表示されるので、IF関数を使って「**実働時間＝時間内**」のときは、何も表示されないようにします。

● セル【L13】の数式

= IF (J13=K13,"",J13-K13)
　　　　　 ❶

❶ セル【J13】とセル【K13】が同じであれば何も表示せず、そうでなければセル【J13】からセル【K13】を引いた結果を表示する

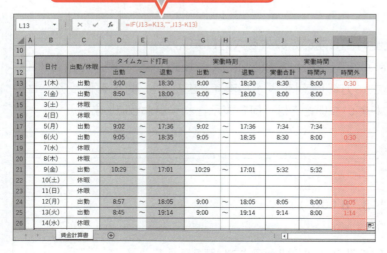

① セル【L13】に「=IF(J13=K13,"",J13-K13)」と入力します。

※セル【L13】には、あらかじめ時刻の表示形式が設定されています。

② セル【L13】を選択し、セル右下の■（フィルハンドル）をダブルクリックします。

数式がコピーされます。

※コピー元とコピー先の罫線の種類が異なるため、書式以外をコピーします。（オートフィルオプション）をクリックして、《書式なしコピー（フィル）》をクリックしておきましょう。

Step 5 実働時間を合計する

1 時間内と時間外の合計

1か月分の時間内と時間外の実働時間をそれぞれ合計しましょう。
K列の時間内とL列の時間外は、時刻として表示されており、セルにはシリアル値が格納されています。シリアル値を合計した場合、結果も同様にシリアル値になります。シリアル値のままでは、時給をかけても正しい賃金が計算されないため、合計した値を賃金計算で利用できるように時間を表す数値に変換します。シリアル値では、24時間を「1」として管理しているため、シリアル値に「24」をかけると時間を表す数値に変換できます。

●時間に変換していない場合

シリアル値に時給をかけることになり、正しい賃金が計算されません。

F7 ┃ × ✓ fx ┃ =SUM(K13:K43)

	A	B	C	D	E	F	G	H
1		**賃金計算書（パートタイマー用）**						
2								
3		年度	月度	開始日	〜	締め日		
4		2019	8	2019/8/1	〜	2019,		
5								
6		時間区分		時給		実働時間	小計	
7		時間内		¥1,500		4.8h	¥7,245	
8		時間外		¥1,880		0.2h	¥445	
9		合計				5.1h	¥7,690	
10								

> セルには、シリアル値「4.8298…」が格納されている

●時間に変換した場合

時間を表す数値に時給をかけるので、正しい賃金が計算されます。

F7 ┃ × ✓ fx ┃ =SUM(K13:K43)*24

	A	B	C	D	E	F	G	H
1		**賃金計算書（パートタイマー用）**						
2								
3		年度	月度	開始日	〜	締め日	従業員番号	
4		2019	8	2019/8/1	〜	2019		
5								
6		時間区分		時給		実働時間	小計	
7		時間内		¥1,500		115.9h	¥173,875	
8		時間外		¥1,880		5.7h	¥10,685	
9		合計				121.6h	¥184,560	
10								

> セルには、時間の数値が格納されている

136

また、シリアル値を時間を表す数値に変換すると、1時間未満の値は小数点以下の数値になります。1か月分の実働時間の合計に小数点以下の数値があった場合は、0.1単位（6分単位）とし、端数は切り上げます。
切り上げの処理には、CEILING.MATH関数を使います。

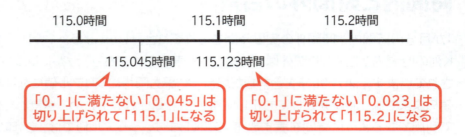

STEP UP 24時間を超える時刻の表示形式

時刻が入力されたセルには、時刻の表示形式「h:mm」が設定されます。時刻の表示形式では、24時間は1日に変換されるため、24時間を超える時刻は正しく表示されません。時を表示する「h」を「[ ]」で囲んだ表示形式「[h]:mm」を設定すると、24時間を超える時刻を表示できます。

1 CEILING.MATH関数

「CEILING.MATH関数」を使うと、引数に指定した数値を、基準値の倍数の中で最も近い値に切り上げます。

●CEILING.MATH関数

指定した数値を基準値の倍数になるように切り上げます。

=CEILING.MATH（数値, 基準値, モード）
      ❶ ❷ ❸

---

❶数値
数値やセルを指定します。

❷基準値
倍数の基準となる数値やセルを指定します。

❸モード
❶が負の数値の場合、「0」または「0以外の数値」を指定します。「0」は省略できます。

0	0に近い値に切り上げます。
0以外の数値	0から離れた値に切り上げます。

例：

	A	B	C	D
1	数値	基準値		結果
2	43	5	→	45	=CEILING.MATH（A2,B2）
3	27	10	→	30	=CEILING.MATH（A3,B3）
4	-24	5	→	-20	=CEILING.MATH（A4,B4）
5	-24	5	→	-25	=CEILING.MATH（A5,B5,-1）

2 時間内と時間外の合計

1か月の時間内と時間外の実働時間を合計する数式を入力しましょう。

SUM関数を使って、時間内の実働時間を合計し、その結果に「24」をかけて時間を表す数値に変換します。また、CEILING.MATH関数を使って、0.1単位(6分単位)で切り上げます。

※時間外の実働時間を合計する数式は、時間内の実働時間を合計する数式をコピーして編集します。

●セル【F7】の数式

= CEILING.MATH(SUM(K13:K43)*24,0.1)

❶ セル範囲【K13:K43】の合計を求める
❷ ❶の結果に「24」をかけて時間を表す数値に変換する
❸ ❷の結果を「0.1」単位で切り上げる

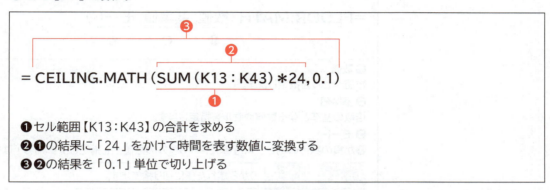

① セル【F7】に「=CEILING.MATH(SUM(K13:K43)*24,0.1)」と入力します。
※セル【F7】には、あらかじめ「0.0"h"」の表示形式が設定されています。

② セル【F7】を選択し、セル右下の■(フィルハンドル)をセル【F8】までドラッグします。
数式がコピーされます。

③ セル【F8】の数式を「=CEILING.MATH(SUM(L13:L43)*24,0.1)」に修正します。
※SUM関数の引数をセル範囲【L13:L43】に修正します。

STEP UP FLOOR.MATH関数

「FLOOR.MATH関数」を使うと、引数に指定した数値を、基準値の倍数の中で最も近い値に切り捨てます。

●FLOOR.MATH関数

指定した数値を基準値の倍数になるように切り捨てます。

=FLOOR.MATH(数値, 基準値, モード)
　　　　　　　❶　　　❷　　　❸

❶数値
数値やセルを指定します。
❷基準値
倍数の基準となる数値やセルを指定します。
❸モード
❶が負の数値の場合、「0」または「0以外の数値」を指定します。「0」は省略できます。

0	0から離れた値に切り捨てます。
0以外の数値	0に近い値に切り捨てます。

例：

	A	B	C	D	
1	数値	基準値		結果	
2	43	5	→	40	=FLOOR.MATH(A2,B2)
3	27	10	→	20	=FLOOR.MATH(A3,B3)
4	-24	5	→	-25	=FLOOR.MATH(A4,B4)
5	-24	5	→	-20	=FLOOR.MATH(A5,B5,-1)

2 実働時間の合計

SUM関数を使って、セル【F9】にセル【F7】とセル【F8】を合計する数式を入力しましょう。

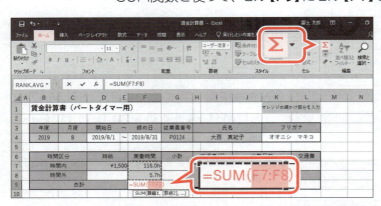

①セル【F9】をクリックします。
②《ホーム》タブを選択します。
③《編集》グループの Σ（合計）をクリックします。
④数式が「=SUM(F7:F8)」になっていることを確認します。

⑤ Enter を押します。
※ Σ（合計）を再度クリックして確定することもできます。

実働時間の合計が表示されます。
※セル【F9】には、あらかじめ「0.0"h"」の表示形式が設定されています。

Step 6 給与を計算する

1 時間外の時給の算出

時間外の時給を求めましょう。時間外の時給は、時間内の時給の25％増しです。また、時間外の時給は10円未満を切り上げます。さらに、時間内の時給が何も表示されていないときは、何も表示されないようにします。
ROUNDUP関数とIF関数を使います。

1 ROUNDUP関数

「ROUNDUP関数」を使うと、指定した桁数で数値を切り上げることができます。

●ROUNDUP関数

指定した桁数で数値の端数を切り上げます。

=ROUNDUP (**数値, 桁数**)
　　　　　　❶　　❷

---

❶ 数値
端数を切り上げる数値や数式、セルを指定します。

❷ 桁数
端数を切り上げた結果の桁数を指定します。

例：
=ROUNDUP (1234.56, 1) →1234.6
=ROUNDUP (1234.56, 0) →1235
=ROUNDUP (1234.56, -1) →1240

---

2 時間外の時給の算出

セル【D8】に、時間外の時給を求める数式を入力しましょう。25％増しの時給は「**時間内の時給×1.25**」で求められます。
なお、ROUNDUP関数を使って、10円未満は切り上げます。また、IF関数を使って、セル【D7】の時間内の時給が入力されていないときは、何も表示されないようにします。

●セル【D8】の数式

❶セル【D7】の時間内の時給に「1.25」をかける
❷❶で求めた数値の1の位を切り上げる
❸セル【D7】が空データであれば何も表示せず、そうでなければ❷の結果を表示する

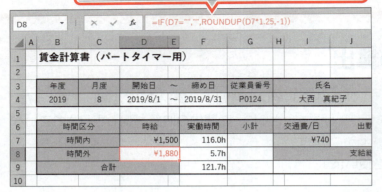

①セル【D8】に「=IF(D7="","",ROUNDUP(D7*1.25,-1))」と入力します。

時間外の時給が表示されます。

※25％増しの時給は「時間内の時給×125％」でも求めることができます。「=IF(D7="","",ROUNDUP(D7*125%,-1))」と入力してもかまいません。
※セル【D8】には、あらかじめ通貨の表示形式が設定されています。

STEP UP ROUND関数

「ROUND関数」を使うと、指定した桁数で数値を四捨五入できます。

●ROUND関数

指定した桁数で数値を四捨五入します。

=ROUND（数値, 桁数）
　　　　　❶　❷

❶数値
四捨五入する数値や数式、セルを指定します。
❷桁数
数値を四捨五入した結果の桁数を指定します。

例：
=ROUND (1234.56, 1) →1234.6
=ROUND (1234.56, 0) →1235
=ROUND (1234.56, -1) →1230

STEP UP ROUNDDOWN関数

「ROUNDDOWN関数」を使うと、指定した桁数で数値を切り捨てることができます。

●ROUNDDOWN関数

指定した桁数で数値の端数を切り捨てます。

=ROUNDDOWN（数値, 桁数）
　　　　　　　❶　❷

❶数値
端数を切り捨てる数値や数式、セルを指定します。
❷桁数
端数を切り捨てた結果の桁数を指定します。

例：
=ROUNDDOWN (1234.56, 1) →1234.5
=ROUNDDOWN (1234.56, 0) →1234
=ROUNDDOWN (1234.56, -1) →1230

2 小計と合計の算出

セル【G7】とセル【G8】に時間内と時間外の賃金の小計を、セル【G9】に賃金の合計を求める数式を入力しましょう。また、小計はIF関数を使って、時給が入力されていないときは「0」を表示するようにします。

●セル【G7】の数式

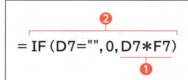

❶セル【D7】の時間内の時給に、セル【F7】の時間内の実働時間の合計をかける
❷セル【D7】が空データであれば「0」を表示し、そうでなければ❶の結果を表示する

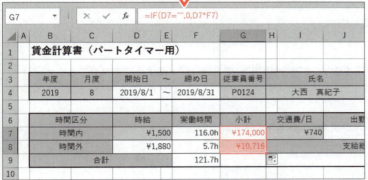

時間内の賃金の小計を求めます。

①セル【G7】に「=IF(D7="",0,D7*F7)」と入力します。

※セル【G7】には、あらかじめ通貨の表示形式が設定されています。

時間外の賃金の小計を求めます。

②セル【G7】を選択し、セル右下の■(フィルハンドル)をセル【G8】までドラッグします。

数式がコピーされます。

賃金の合計を求めます。

③セル【G9】をクリックします。
④《ホーム》タブを選択します。
⑤《編集》グループの Σ (合計)をクリックします。
⑥数式が「=SUM(G7:G8)」になっていることを確認します。

⑦ Enter を押します。
※ Σ (合計)を再度クリックして確定することもできます。

142

3 出勤日数のカウント

出勤日数を求めましょう。
出勤日数は、C列の出勤/休暇に「**出勤**」と表示されている日数を数えることで求めることができます。
COUNTIF関数を使います。

1 COUNTIF関数

「COUNTIF関数」を使うと、条件を満たしているセルの個数を数えることができます。

●COUNTIF関数

指定したセル範囲の中から、指定した条件を満たしているセルの個数を返します。

=COUNTIF(範囲, 検索条件)
　　　　　　❶　　　❷

❶範囲
検索の対象となるセル範囲を指定します。

❷検索条件
検索条件を指定します。
条件が入力されているセルを参照するか、「"=30000"」や「">15"」のように「"(ダブルクォーテーション)」で囲んで直接入力します。

例：
セル範囲【D5:D14】の中から「入金済」の個数を求めます。

	A	B	C	D	E
1			入金確認済	6件	
2			入金未確認	4件	
3					
4		顧客番号	顧客名	入金確認	
5		1001	あさひ栄養専門学校	入金済	
6		1002	株式会社クボクッキング	入金済	
7		1003	おおつき販売株式会社	未確認	
8		1004	土江クッキングスクール	入金済	
9		1005	株式会社レユミ	未確認	
10		1006	株式会社クックサツマ	入金済	
11		1007	マーメイドキッチン株式会社	未確認	
12		1008	岡田雑貨販売株式会社	入金済	
13		1009	堀江調理専門学校	入金済	
14		1010	エリーゼクッキング株式会社	未確認	
15					

D1 =COUNTIF(D5:D14,"入金済")

2 出勤日数のカウント

COUNTIF関数を使って、セル【J7】に出勤日数を表示する数式を入力しましょう。

●セル【J7】の数式

= COUNTIF（C13：C43,"出勤"）
　　　　　　　❶

❶セル範囲【C13:C43】の中から文字列「出勤」と一致するセルの個数を数える

①セル【J7】に「=COUNTIF（C13：C43,"出勤"）」と入力します。

※セル【J7】には、あらかじめ「0"日"」の表示形式が設定されています。

4　交通費の算出

セル【L7】に、1か月分の交通費を求める数式を入力しましょう。交通費は出勤した日数分支給されます。

1か月分の交通費は、「1日分の交通費×出勤日数」で求められます。

①セル【L7】に「=H7*J7」と入力します。
※セル【L7】には、あらかじめ通貨の表示形式が設定されています。

5　支給総額の算出

セル【H9】に、支給総額を求める数式を入力しましょう。
支給総額は、「賃金の合計＋交通費」で求められます。

①セル【H9】に「=G9+L7」と入力します。
※セル【H9】には、あらかじめ通貨の表示形式が設定されています。

Step 7 シートを保護する

1 シートの保護

シートを保護すると、セルに対して入力や編集などができない状態になるため、誤って必要な数式を消してしまったり、書式が崩れてしまったりすることを防ぐことができます。
シートをテンプレートとして利用する場合などに便利です。シートを保護する場合は、入力する箇所だけを編集できるようにしておきます。
シートを保護する手順は次のとおりです。

```
1  入力箇所のセルのロックを解除する
```

```
2  シートを保護する
```

1 セルのロックの解除

シート「**賃金計算書**」で、データを入力する箇所のセルのロックを解除しましょう。
まず、入力が必要なセルのデータをクリアしてから、セルのロックを解除します。
※オレンジの網かけが設定されているセルが入力箇所です。

入力箇所のセルのデータをクリアします。
①セル範囲【B4:C4】、セル範囲【G4:H4】、セル【D7】、セル【H7】、セル範囲【D13:D43】、セル範囲【F13:F43】を選択します。
※2箇所目以降のセル範囲は Ctrl を押しながら、選択します。
② Delete を押します。
※数式にエラーが表示されていないことを確認しておきましょう。

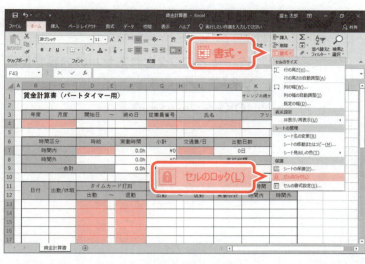

③セル範囲が選択されたままになっていることを確認します。

④《ホーム》タブを選択します。

⑤《セル》グループの 書式 （書式）をクリックします。

⑥《セルのロック》の左側の に枠が付いている（ロックされている）ことを確認します。

⑦《セルのロック》をクリックします。

選択したセルのロックが解除されます。

⑧《セル》グループの 書式 （書式）をクリックします。

⑨《セルのロック》の左側の に枠が付いていない（ロックが解除されている）ことを確認します。

※任意のセルをクリックし、選択を解除しておきましょう。

STEP UP その他の方法（セルのロック解除）

◆セルまたはセル範囲を選択→《ホーム》タブ→《セル》グループの 書式 （書式）→《セルの書式設定》→《保護》タブ→《□ロック》

◆セルまたはセル範囲を右クリック→《セルの書式設定》→《保護》タブ→《□ロック》

◆セルまたはセル範囲を選択→ Ctrl + 1 →《保護》タブ→《□ロック》

2 シートの保護

シート「**賃金計算書**」を保護しましょう。

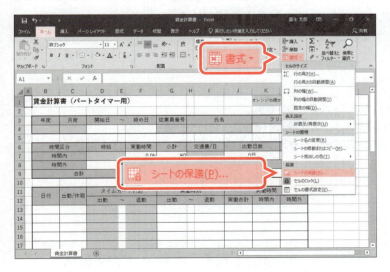

①《ホーム》タブを選択します。

②《セル》グループの 書式 （書式）をクリックします。

③《シートの保護》をクリックします。

146

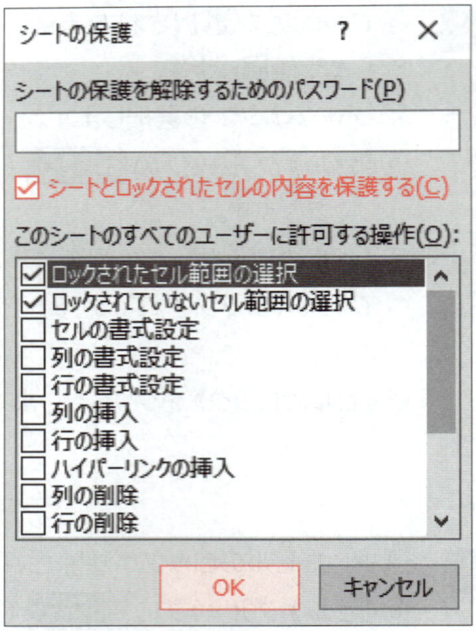

《シートの保護》ダイアログボックスが表示されます。

④《シートとロックされたセルの内容を保護する》を ☑ にします。

⑤《OK》をクリックします。

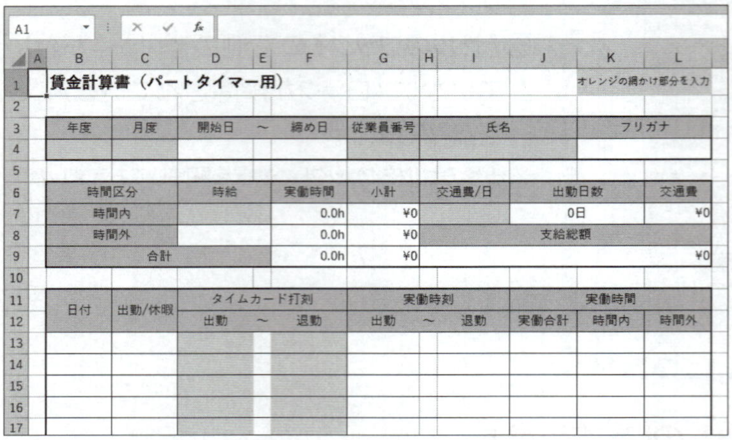

シートが保護されます。

※保護されているセルにデータを入力すると、メッセージが表示され入力できないことを確認しておきましょう。
また、ロックを解除したセルにはデータが入力できることを確認しておきましょう。

※ブックに任意の名前を付けて保存し、閉じておきましょう。

STEP UP その他の方法（シートの保護）

◆《ファイル》タブ→《情報》→《ブックの保護》→《現在のシートの保護》
◆《校閲》タブ→《変更》グループの 📋 （シートの保護）

👆 POINT アクティブセルの移動

[Tab] を押すと、ロックを解除したセルだけに、アクティブセルが移動します。

STEP UP シートの保護の解除

シートの保護を解除する方法は、次のとおりです。
◆《ホーム》タブ→《セル》グループの 📋 書式▾ （書式）→《シート保護の解除》
※シートを保護するときにパスワードを設定している場合は、パスワードの入力が必要です。

第6章

社員情報の統計

Step1	事例と処理の流れを確認する	149
Step2	日付を計算する	151
Step3	人数をカウントする	156
Step4	平均年齢・平均勤続年月を計算する	161
Step5	基本給を求める	165

Step1 事例と処理の流れを確認する

第6章 社員情報の統計

1 事例

具体的な事例をもとに、どのような社員リストを作成するのかを確認しましょう。

●事例

人事部では、在籍する社員の総人数、男女別人数、年代別人数、平均年齢、平均勤続年数、年代別基本給などの各種統計データを把握したいと考えています。

これまでは、その都度、社員台帳から必要なデータを転記して計算していましたが、より効率的に処理する方法を検討しています。

2 処理の流れ

社員リストを完成させます。次に、完成した社員リストをもとに、関数を使って統計資料を作成します。

●社員リスト

	A 社員番号	B 氏名	C フリガナ	D 性別	E 生年月日	F 年齢	G 入社年月日	H 勤続年月	I 基本給	J 所属部署
2	8604	佐々木 孝二	ササキ コウジ	男	1963/5/30	56歳	1986/4/1	33年4か月	¥435,000	総務部人事課
3	8902	原口 雄太	ハラグチ ユウタ	男	1966/7/15	53歳	1989/4/1	30年4か月	¥410,000	営業部第2営業課
4	9006	嶋田 純一	シマダ ジュンイチ	男	1967/10/15	51歳	1990/10/1	28年10か月	¥395,000	営業部第1営業課
5	9202	富士 一郎	フジ イチロウ	男	1970/2/25	49歳	1992/4/1	27年4か月	¥390,000	営業部第2営業課
6	9203	本田 敬三	ホンダ ケイゾウ	男	1970/1/13	49歳	1992/10/1	26年10か月	¥385,000	製造技術部開発課
7	9301	島谷 秀雄	シマタニ ヒデオ	男	1970/5/4	49歳	1993/4/1	26年4か月	¥387,000	製造技術部調達課
8	9404	山縣 佳子	ヤマガタ ケイコ	女	1971/8/2	47歳	1994/4/1	25年4か月	¥380,000	総務部経理課
9	9504	戸田 道子	トダ ミチコ	女	1968/8/26	50歳	1995/4/1	24年4か月	¥380,000	総務部人事課
10	9601	大野 真琴	オオノ マコト	女	1973/7/1	46歳	1996/4/1	23年4か月	¥375,000	営業部第1営業課
11	9703	近藤 晴彦	コンドウ ハルヒコ	男	1971/12/11	47歳	1997/4/1	22年4か月	¥370,000	製造技術部開発課
12	9711	芳村 正人	ヨシムラ マサト	男	1974/7/15	45歳	1997/4/1	22年4か月	¥365,000	営業部第2営業課
13	9907	宮部 加奈子	ミヤベ カナコ	女	1976/10/12	42歳	1999/4/1	20年4か月	¥340,000	営業部第1営業課
14	0105	花田 洋子	ハナダ ヨウコ	女	1977/6/3	42歳	2001/4/1	18年4か月	¥345,000	製造技術部開発課
15	0212	本庄 雅夫	ホンジョウ マサオ	男	1972/11/2	46歳	2002/4/1	17年4か月	¥320,000	営業部第1営業課
16	0502	山田 紀子	ヤマダ ノリコ	女	1982/4/30	37歳	2005/4/1	14年4か月	¥290,000	営業部第1営業課
17	0603	沖田 良子	オキタ リョウコ	女	1983/2/28	36歳	2006/4/1	13年4か月	¥270,000	営業部第2営業課

●統計資料

	A	B	C	D 最高金額	E 最低金額	F 平均金額	G	H	I
1	社員統計表								
2	社員数					30名			
3	男女別人数		男			17名			
4			女			13名			
5	所属別人数		総務部人事課			2名			
6			総務部経理課			3名			
7			営業部第1営業課			7名			
8			営業部第2営業課			7名			
9			製造技術部調達課			3名			
10			製造技術部開発課			8名			
11	年代別人数		20歳代			9名			
12			30歳代			6名			
13			40歳代			11名			
14			50歳代			4名			
15	平均年齢					38.4歳			
16	男女別平均年齢		男			39.6歳			
17			女			36.8歳			
18	平均勤続月年					15年6か月			
19	男女別平均勤続年月		男			17年2か月			
20			女			13年4か月			
21	基本給			最高金額	最低金額	平均金額			
22	年代別基本給		20歳代	¥230,000	¥184,500	¥217,278			
23			30歳代	¥290,000	¥240,000	¥262,500			
24			40歳代	¥390,000	¥255,000	¥355,636			
25			50歳代	¥435,000	¥380,000	¥405,000			
26									

社員情報をもとに、統計処理をする

1 作成する社員リストの確認

作成する社員リストを確認しましょう。

各社員の年齢や勤続年月は、関数を使って算出すると、常に最新の数値を把握できます。

●社員リスト

生年月日をもとに、年齢を表示する

入社年月日をもとに、勤続年月を表示する

	A	B	C	D	E	F	G	H	I	J
1	社員番号	氏名	フリガナ	性別	生年月日	年齢	入社年月日	勤続年月	基本給	所属部署
2	8604	佐々木 孝二	ササキ コウジ	男	1963/5/30	56歳	1986/4/1	33年4か月	¥435,000	総務部人事課
3	8902	原口 雄太	ハラグチ ユウタ	男	1966/7/15	53歳	1989/4/1	30年4か月	¥410,000	営業部第2営業課
4	9006	嶋田 純一	シマダ ジュンイチ	男	1967/10/15	51歳	1990/10/1	28年10か月	¥395,000	営業部第1営業課
5	9202	富士 一郎	フジ イチロウ	男	1970/2/25	49歳	1992/4/1	27年4か月	¥390,000	営業部第2営業課
6	9203	本田 敬三	ホンダ ケイゾウ	男	1970/1/13	49歳	1992/10/1	26年10か月	¥385,000	製造技術部開発課
7	9301	島谷 秀雄	シマタニ ヒデオ	男	1970/5/4	49歳	1993/4/1	26年4か月	¥387,000	製造技術部調達課
8	9404	山縣 佳子	ヤマガタ ケイコ	女	1971/8/2	47歳	1994/4/1	25年4か月	¥380,000	総務部経理課
9	9504	戸田 道子	トダ ミチコ	女	1968/8/26	50歳	1995/4/1	24年4か月	¥380,000	総務部人事課
10	9601	大野 真琴	オオノ マコト	女	1973/7/1	46歳	1996/4/1	23年4か月	¥375,000	営業部第1営業課
11	9703	近藤 晴彦	コンドウ ハルヒコ	男	1971/12/11	47歳	1997/4/1	22年4か月	¥370,000	製造技術部開発課
12	9711	芳村 正人	ヨシムラ マサト	男	1974/7/15	45歳	1997/4/1	22年4か月	¥365,000	営業部第2営業課
13	9907	宮部 加奈子	ミヤベ カナコ	女	1976/10/12	42歳	1999/4/1	20年4か月	¥340,000	営業部第1営業課
14	0105	花田 洋子	ハナダ ヨウコ	女	1977/6/3	42歳	2001/4/1	18年4か月	¥345,000	製造技術部開発課
15	0212	本庄 雅夫	ホンジョウ マサオ	男	1972/11/2	46歳	2002/4/1	17年4か月	¥320,000	営業部第1営業課
16	0502	山田 紀子	ヤマダ ノリコ	女	1982/4/30	37歳	2005/4/1	14年4か月	¥290,000	営業部第2営業課
17	0603	沖田 良子	オキタ リョウコ	女	1983/2/28	36歳	2006/4/1	13年4か月	¥270,000	営業部第2営業課
18	0709	相沢 浩子	アイザワ ヒロコ	女	1984/7/10	35歳	2007/4/1	12年4か月	¥265,000	総務部経理課
19	0712	本間 茂	ホンマ シゲル	男	1984/6/7	35歳	2007/10/1	11年10か月	¥260,000	製造技術部開発課
20	0804	多田 美恵	タダ ミエ	女	1976/4/5	43歳	2008/10/1	10年10か月	¥255,000	製造技術部開発課
21	0806	三好 光一	ミヨシ コウイチ	男	1985/12/3	33歳	2008/10/1	10年10か月	¥250,000	営業部第1営業課
22	0901	斎藤 栄治	サイトウ エイジ	男	1987/3/5	32歳	2009/4/1	10年4か月	¥240,000	製造技術部調達課
23	1002	飯田 智彦	イイダ トモヒコ	男	1990/7/29	29歳	2010/4/1	9年4か月	¥230,000	営業部第2営業課
24	1005	矢崎 順一	ヤザキ ジュンイチ	男	1990/1/3	29歳	2010/10/1	8年10か月	¥230,000	製造技術部調達課
25	1501	木下 美智	キノシタ ミチ	女	1992/6/25	27歳	2015/4/1	4年4か月	¥225,000	製造技術部開発課
26	1503	町田 隼人	マチダ ハヤト	男	1992/11/4	26歳	2015/4/1	4年4か月	¥225,000	総務部経理課
27	1602	君塚 かおる	キミヅカ カオル	女	1993/3/30	26歳	2016/4/1	3年4か月	¥220,000	製造技術部調達課
28	1605	村上 昌子	ムラカミ ショウコ	女	1993/7/23	26歳	2016/4/1	3年4か月	¥220,000	製造技術部開発課
29	1801	木村 一郎	キムラ イチロウ	男	1995/10/11	23歳	2018/4/1	1年4か月	¥210,500	営業部第2営業課
30	1901	坂本 菜穂子	サカモト ナオコ	女	1996/12/6	22歳	2019/4/1	0年4か月	¥210,500	製造技術部開発課
31	1902	森田 敦	モリタ アツシ	男	1996/10/2	22歳	2019/4/1	0年4か月	¥184,500	製造技術部開発課
32										

※本書では、本日の日付を「2019年8月1日」としています。

2 作成する統計資料の確認

作成する統計資料を確認しましょう。

※「 」は、社員リストの項目を表しています。

●統計資料

	A	B	C	D	E	F	G	H
1	社員統計表							
2	社員数					30名		
3	男女別人数	男				17名		
4		女				13名		
5	所属別人数	総務部人事課				2名		
6		総務部経理課				3名		
7		営業部第1営業課				7名		
8		営業部第2営業課				7名		
9		製造技術部調達課				3名		
10		製造技術部開発課				8名		
11	年代別人数	20歳代				9名		
12		30歳代				6名		
13		40歳代				11名		
14		50歳代				4名		
15	平均年齢					38.4歳		
16	男女別平均年齢	男				39.6歳		
17		女				36.8歳		
18	平均勤続年月					15年6か月		
19	男女別平均勤続年月	男				17年2か月		
20		女				13年4か月		
21	基本給		最高金額	最低金額	平均金額			
22	年代別基本給	20歳代	¥230,000	¥184,500	¥217,278			
23		30歳代	¥290,000	¥240,000	¥262,500			
24		40歳代	¥390,000	¥255,000	¥355,636			
25		50歳代	¥435,000	¥380,000	¥405,000			
26								

「社員番号」をもとに、社員数を算出する

「性別」をもとに、男女別人数を算出する

「所属部署」をもとに、所属別人数を算出する

「年齢」をもとに、年代別人数を算出する

「年齢」をもとに、平均年齢を算出する

「性別」と「年齢」をもとに、男女別平均年齢を算出する

「入社年月日」をもとに、平均勤続年月を算出する

「性別」と「入社年月日」をもとに、男女別平均勤続年月を算出する

「年齢」と「基本給」をもとに、年代別給与の最高金額を算出する

「年齢」と「基本給」をもとに、年代別給与の最低金額を算出する

「年齢」と「基本給」をもとに、年代別給与の平均金額を算出する

150

Step2 日付を計算する

第6章 社員情報の統計

1 年齢の算出

生年月日から年齢を算出しましょう。年齢は生年月日から本日までの期間を年数で表示することによって求めることができます。
DATEDIF関数とTODAY関数を使います。

1 DATEDIF関数・TODAY関数

「DATEDIF関数」を使うと、2つの日付の差を年数、月数、日数などで表示できます。
「TODAY関数」を使うと、コンピューターの本日の日付を表示できます。TODAY関数を入力したセルは、ブックを開くたびに本日の日付が自動的に表示されます。

●DATEDIF関数

指定した日付から指定した日付までの期間を指定した単位で返します。

=DATEDIF (古い日付, 新しい日付, 単位)
           ❶   ❷   ❸

❶古い日付
2つの日付のうち、古い日付を指定します。
※日付を指定する場合は、日付を「"(ダブルクォーテーション)」で囲みます。

❷新しい日付
2つの日付のうち、新しい日付を指定します。
※日付を指定する場合は、日付を「"(ダブルクォーテーション)」で囲みます。

❸単位
単位を指定します。
※単位の英字は、大文字で入力しても小文字で入力してもかまいません。

単位	意味	例
"Y"	期間内の満年数	=DATEDIF ("2018/1/1","2019/2/5","Y") →1
"M"	期間内の満月数	=DATEDIF ("2018/1/1","2019/2/5","M") →13
"D"	期間内の満日数	=DATEDIF ("2018/1/1","2019/2/5","D") →400
"YM"	1年未満の月数	=DATEDIF ("2018/1/1","2019/2/5","YM") →1
"YD"	1年未満の日数	=DATEDIF ("2018/1/1","2019/2/5","YD") →35
"MD"	1か月未満の日数	=DATEDIF ("2018/1/1","2019/2/5","MD") →4

※DATEDIF関数は、《関数の挿入》ダイアログボックスや《数式》タブから挿入できないため、直接入力します。

●TODAY関数

本日の日付を返します。

=TODAY ()
※引数は指定しません。

2 年齢の算出

DATEDIF関数とTODAY関数を使って、F列に年齢を求める数式を入力しましょう。

●セル【F2】の数式

❶本日の日付を求める
❷セル【E2】の生年月日から❶で求めた日付までの年数を表示する

 フォルダー「第6章」のブック「社員リスト」のシート「社員一覧」を開いておきましょう。

①セル【F2】に「=DATEDIF(E2,TODAY(),"Y")」と入力します。

※セル【F2】には、あらかじめ「0"歳"」の表示形式が設定されています。

※本書では、本日の日付を「2019年8月1日」としています。

②セル【F2】を選択し、セル右下の■（フィルハンドル）をダブルクリックします。

数式がコピーされます。

POINT 日付の処理

数値を「/（スラッシュ）」で区切って入力したり、TODAY関数を使って本日の日付を入力したりすると、セルに日付の表示形式が自動的に設定されて「2019/8/1」のように表示されます。実際にセルに格納されているのは、「シリアル値」と呼ばれる数値です。シリアル値とは、Excelで日付や時刻の計算に使用される値のことです。
日付のシリアル値では、1900年1月1日をシリアル値の「1」として1日ごとに「1」が加算されます。
例えば、「2019年8月1日」は「1900年1月1日」から43678日目なので、シリアル値は「43678」になります。表示形式を標準にすると、シリアル値を確認できます。

2 勤続年月の算出

各社員の勤続年月を求めましょう。
勤続年月は、入社年月日から本日までの年数と月数を算出することで求めることができます。

1 勤続年数の算出

各社員の勤続年数を求めます。
勤続年数は入社年月日から本日までの期間を年数で表示することによって求めることができます。
DATEDIF関数とTODAY関数を使って、セル【H2】に勤続年数を求める数式を入力しましょう。

●セル【H2】の数式

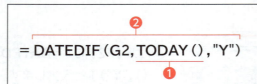

= DATEDIF (G2 , TODAY ( ) , "Y")

❶本日の日付を求める
❷セル【G2】の入社年月日から❶で求めた日付までの年数を表示する

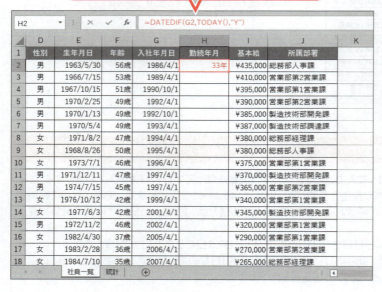

①セル【H2】に「=DATEDIF(G2,TODAY(),"Y")」と入力します。

※セル【H2】には、あらかじめ「0"年"」の表示形式が設定されています。

2 勤続年月の算出

セル【H2】の数式を勤続年月が表示されるように編集しましょう。
DATEDIF関数を使って、G列の入社年月日から本日までの期間の年数と1年未満の月数を求め、CONCAT関数を使って、年数と月数を結合し、「〇年〇か月」と表示します。また、IF関数を使って、入社年月日が入力されていないときは、何も表示されないようにします。

●セル【H2】の数式

2019

= IF(G2="","",CONCAT(
　DATEDIF(G2,TODAY(),"Y"),"年",DATEDIF(G2,TODAY(),"YM"),"か月"))
　　　　　❶　　　　　　　　　　　　　　❷

2016/2013

= IF(G2="","",CONCATENATE(
　DATEDIF(G2,TODAY(),"Y"),"年",DATEDIF(G2,TODAY(),"YM"),"か月"))
　　　　　❶　　　　　　　　　　　　　　❷

❶セル【G2】の入社年月日から本日までの年数を表示する
❷セル【G2】の入社年月日から本日までの1年未満の月数を表示する
❸❶で求めた年数、「年」、❷で求めた月数、「か月」を結合する
❹セル【G2】の入社年月日が空データであれば何も表示せず、そうでなければ❸の結果を表示する

① **2019**

セル【H2】の数式を「=IF(G2="","",CONCAT(DATEDIF(G2,TODAY(),"Y"),"年",DATEDIF(G2,TODAY(),"YM"),"か月"))」に修正します。

2016/2013

セル【H2】の数式を「=IF(G2="","",CONCATENATE(DATEDIF(G2,TODAY(),"Y"),"年",DATEDIF(G2,TODAY(),"YM"),"か月"))」に修正します。

②セル【H2】を選択し、セル右下の■（フィルハンドル）をダブルクリックします。
数式がコピーされます。

STEP UP DAYS関数

「DAYS関数」を使うと、2つの日付の間の日数を求めることができます。

●DAYS関数

2つの日付の間の日数を求めます。

=DAYS（終了日, 開始日）
　　　　　❶　　❷

❶終了日
終了日を指定します。

❷開始日
開始日を指定します。

例：
=DAYS ("2019/2/5","2018/1/1") →400

Step3 人数をカウントする

1 社員数のカウント

社員数を求めましょう。
社員数は、シート「**社員一覧**」のデータの個数を数えることで求めることができます。
ここでは、A列の社員番号を計算対象にしています。
社員番号は数値で入力されているので、COUNT関数を使って個数を求めます。
B列の「**氏名**」のように文字列が入力されている列を計算対象にする場合は、COUNTA関数を使います。

1 COUNT関数

「COUNT関数」を使うと、指定した範囲内にある数値の個数を求めることができます。

●COUNT関数

引数に含まれる数値の個数を返します。

=COUNT(値1, 値2, ・・・)
　　　　　　❶

❶値
対象のセル、セル範囲、数値などを指定します。最大255個まで指定できます。

---

2 社員数のカウント

COUNT関数を使って、シート「**統計**」のセル【F2】に社員数を求める数式を入力しましょう。
※シート「社員一覧」には、あらかじめ列ごとに名前が定義されています。
※引数には名前「社員番号」を使います。

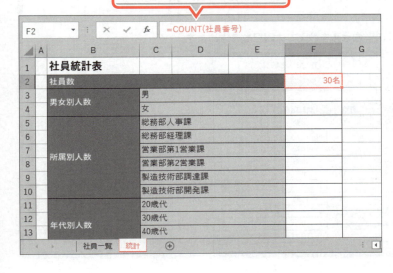

①シート「**統計**」のシート見出しをクリックします。
②セル【F2】に「**=COUNT(社員番号)**」と入力します。
※セル【F2】には、あらかじめ「0"名"」の表示形式が設定されています。

第6章 社員情報の統計

STEP UP COUNTA関数・COUNTBLANK関数

セルの個数を求める関数に、COUNTA関数・COUNTBLANK関数があります。
「COUNTA関数」を使うと、指定した範囲内の空白でないセルの個数を求めることができます。
「COUNTBLANK関数」を使うと、指定した範囲内の空白セルの個数を求めることができます。

●COUNTA関数

引数に含まれるデータ（数値および文字列）の個数を返します。

=COUNTA(値1,値2,･･･)

❶値
対象のセル、セル範囲、数値、文字列などを指定します。最大255個まで指定できます。

例：
セル範囲【E3：E9】の文字列を数えて勤務日数を求めます。

	A	B	C	D	E	F	G
1							
2		日付	出勤	退勤	出勤/休暇		
3		1(木)	14:00	19:30	出勤		
4		2(金)					
5		3(土)	8:45	16:00	出勤		
6		4(日)	14:00	20:30	出勤		
7		5(月)	9:00	16:00	出勤		
8		6(火)					
9		7(水)	14:30	21:00	出勤		
10		勤務日数			5		
11		休暇日数			2		
12							

E10　=COUNTA(E3:E9)

●COUNTBLANK関数

引数に含まれる空白のセルの個数を返します。

=COUNTBLANK(範囲)

❶範囲
対象のセル範囲を指定します。
※空データを返す数式が入力されているセルも空白セルとみなされます。

例：
セル範囲【E3：E9】の空白セルを数えて休暇日数を求めます。

	A	B	C	D	E	F	G
1							
2		日付	出勤	退勤	出勤/休暇		
3		1(木)	14:00	19:30	出勤		
4		2(金)					
5		3(土)	8:45	16:00	出勤		
6		4(日)	14:00	20:30	出勤		
7		5(月)	9:00	16:00	出勤		
8		6(火)					
9		7(水)	14:30	21:00	出勤		
10		勤務日数			5		
11		休暇日数			2		
12							

E11　=COUNTBLANK(E4:E10)

2 男女別人数のカウント

COUNTIF関数を使って、男女別人数を求める数式を入力しましょう。
男女別人数は、シート**「社員一覧」**のD列の性別が**「男」**または**「女」**のデータの個数を数えることで求めることができます。
※引数には名前「性別」を使います。

●セル【F3】の数式

= COUNTIF（性別, C3）
　　　　　　❶

❶名前「性別」の中からセル【C3】の文字列「男」と一致するセルの個数を数える

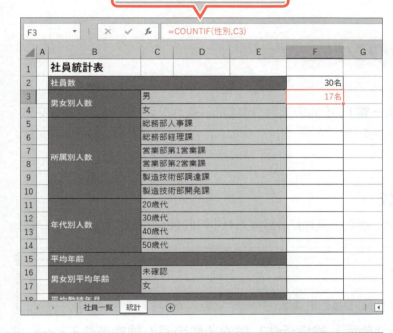

男性社員の人数を求めます。
①セル【F3】に「=COUNTIF（性別,C3）」と入力します。
※セル【F3】には、あらかじめ「0"名"」の表示形式が設定されています。

女性社員の人数を求めます。
②セル【F3】を選択し、セル右下の■（フィルハンドル）をセル【F4】までドラッグします。
数式がコピーされます。

Let's Try ためしてみよう

セル範囲【F5:F10】に所属別の人数を求める数式を入力しましょう。
※引数には名前「所属部署」を使います。

	A	B	C	D	E	F	G
1		社員統計表					
2		社員数				30名	
3		男女別人数	男			17名	
4			女			13名	
5			総務部人事課			2名	
6			総務部経理課			3名	
7		所属別人数	営業部第1営業課			7名	
8			営業部第2営業課			7名	
9			製造技術部調達課			3名	
10			製造技術部開発課			8名	

Let's Try Answer

① セル【F5】に「=COUNTIF(所属部署,C5)」と入力
② セル【F5】を選択し、セル右下の■（フィルハンドル）をセル【F10】までドラッグ

3 年代別人数のカウント

年代別人数を求めましょう。
年代別人数は、シート**「社員一覧」**のF列の年齢の中から、条件を満たすセルの個数を数えることで求めることができます。
COUNTIFS関数を使います。

1 COUNTIFS関数

「COUNTIFS関数」を使うと、複数の条件に一致するセルの個数を数えることができます。

●COUNTIFS関数

複数の検索条件をすべて満たすセルの個数を返します。

=COUNTIFS(検索条件範囲1,検索条件1,検索条件範囲2,検索条件2,・・・)
　　　　　　　❶　　　　　❷　　　　　❸　　　　　❹

❶検索条件範囲1
1つ目の検索条件によって検索するセル範囲を指定します。

❷検索条件1
1つ目の検索条件を指定します。
検索条件が入力されているセルを参照するか、「"=30000"」や「">15"」のように「"（ダブルクォーテーション）」で囲んで直接入力します。
「検索条件範囲」と「検索条件」の組み合わせは、127個まで指定できます。

❸検索条件範囲2
2つ目の検索条件によって検索するセル範囲を指定します。

❹検索条件2
2つ目の検索条件を指定します。

例：
=COUNTIFS(A3:A10,"りんご",B3:B10,"青森")
セル範囲【A3:A10】から「りんご」、セル範囲【B3:B10】から「青森」を検索し、「りんご」かつ「青森」のセルの個数を表示します。

2 年代別人数のカウント

COUNTIFS関数を使って、セル範囲【F11：F14】に年代別人数を求める数式を入力しましょう。

※引数には名前「年齢」を使います。

●セル【F11】の数式

$$= COUNTIFS（年齢,">=20",年齢,"<30"）$$

❶

❶ 名前「年齢」の中から「20以上」、「30未満」という2つの条件に一致するセルの個数を数える

また、各年代の条件は次のように指定します。

年代	以上	未満
20歳代	>=20	<30
30歳代	>=30	<40
40歳代	>=40	<50
50歳代	>=50	<60

20歳代の社員数を求めます。

①セル【F11】に「＝COUNTIFS（年齢,">=20",年齢,"<30"）」と入力します。

※セル【F11】には、あらかじめ「0"名"」の表示形式が設定されています。

その他の年代の社員数を求めます。

②セル【F11】を選択し、セル右下の■（フィルハンドル）をセル【F14】までドラッグします。

数式がコピーされます。

③セル【F12】の数式を「=COUNTIFS（年齢,">=30",年齢,"<40"）」に修正します。

※引数の「>=20」を「>=30」、「<30」を「<40」に修正します。

④同様に、40歳代、50歳代の数式を修正します。

※セル【F13】の引数の「>=20」を「>=40」、「<30」を「<50」に修正します。

※セル【F14】の引数の「>=20」を「>=50」、「<30」を「<60」に修正します。

160

Step 4 平均年齢・平均勤続年月を計算する

1 平均年齢の算出

社員の平均年齢を求めましょう。
平均年齢は、シート**「社員一覧」**のF列の年齢を平均することで求められます。
AVERAGE関数を使います。

1 AVERAGE関数

「AVERAGE関数」を使うと、平均を求めることができます。

●AVERAGE関数

数値の平均値を求めます。

=AVERAGE（数値1, 数値2, ・・・）
　　　　　　　❶

❶数値
平均する対象のセル、セル範囲、数値などを指定します。最大255個まで指定できます。

例：
=AVERAGE（A1：A10）
=AVERAGE（A5, A10, A15）
=AVERAGE（A1：A10, A22）
=AVERAGE（205, 158, 198）

※引数の「：（コロン）」は連続したセル、「，（カンマ）」は離れたセルを表します。

---

2 平均年齢の算出

AVERAGE関数を使って、セル**【F15】**に社員の平均年齢を求める数式を入力しましょう。
※引数には名前「年齢」を使います。

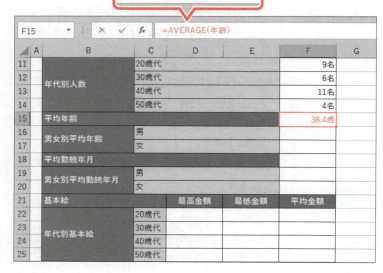

①セル**【F15】**に「=AVERAGE（年齢）」と入力します。

※セル**【F15】**には、あらかじめ「0.0"歳"」の表示形式が設定されています。

2 男女別平均年齢の算出

男女別平均年齢を求めましょう。
男女別平均年齢は、シート**「社員一覧」**のD列の性別をもとに、条件を満たすセルのF列の年齢を平均することで求められます。
AVERAGEIF関数を使います。

1 AVERAGEIF関数

「AVERAGEIF関数」を使うと、条件を満たすセルの平均を求めることができます。

●AVERAGEIF関数

条件を満たすセルの平均値を求めます。

=AVERAGEIF（範囲, 条件, 平均対象範囲）
　　　　　　　❶　　 ❷　　　 ❸

❶範囲
条件によって検索するセル範囲を指定します。
❷条件
条件を指定します。
条件が入力されているセルを参照するか、「"=30000"」や「">15"」のように「"（ダブルクォーテーション）」で囲んで直接入力します。
❸平均対象範囲
❶の値が条件を満たす場合に、平均するセル範囲を指定します。

例：
=AVERAGEIF（A3：A10,"りんご",B3：B10）
セル範囲【A3：A10】から「りんご」を検索し、対応するセル範囲【B3：B10】の値を平均します。

---

2 男女別平均年齢の算出

AVERAGEIF関数を使って、セル範囲【F16：F17】に男女別平均年齢を求める数式を入力しましょう。
※引数には名前「性別」「年齢」を使います。

●セル【F16】の数式

= AVERAGEIF（性別, C16, 年齢）
　　　　　　　　　　❶

❶名前「性別」の中からセル【C16】の文字列「男」を検索し、条件を満たすセルと同じ行の名前「年齢」の値を平均する

男性社員の平均年齢を求めます。

①セル【F16】に「=AVERAGEIF（性別,C16,年齢）」と入力します。

※セル【F16】には、あらかじめ「0.0"歳"」の表示形式が設定されています。

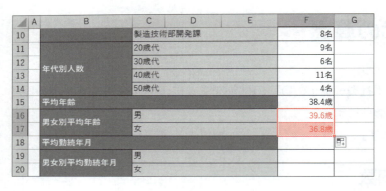

女性社員の平均年齢を求めます。

②セル【F16】を選択し、セル右下の■（フィルハンドル）をセル【F17】までドラッグします。

数式がコピーされます。

3 平均勤続年月の算出

社員の平均勤続年月を求めましょう。

まず、AVERAGE関数を使って、シート「**社員一覧**」のG列の入社年月日をもとに平均入社年月日を求めます。次に、DATEDIF関数を使って平均入社年月日から本日までの期間の年数と月数を求め、CONCAT関数を使って年数と月数を結合して「〇年〇か月」と表示します。

セル【F18】に、社員の平均勤続年月を求める数式を入力しましょう。

※引数には名前「入社年月日」を使います。

●セル【F18】の数式

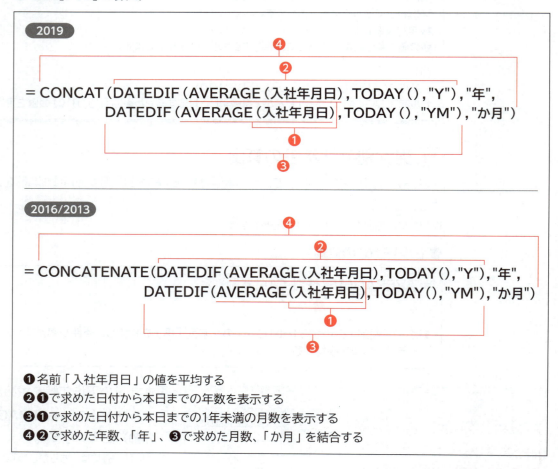

❶名前「入社年月日」の値を平均する
❷❶で求めた日付から本日までの年数を表示する
❸❶で求めた日付から本日までの1年未満の月数を表示する
❹❷で求めた年数、「年」、❸で求めた月数、「か月」を結合する

```
=CONCAT(DATEDIF(AVERAGE(入社年月日),TODAY(),"Y"),"年",
DATEDIF(AVERAGE(入社年月日),TODAY(),"YM"),"か月")
```

| F18 | ▼ | : | × | ✓ | fx | =CONCAT(DATEDIF(AVERAGE(入社年月日),TODAY(),"Y"),"年",DATEDIF(AVERAGE(入社年月日),TODAY(),"YM"),"か月") |

	A	B	C	D	E	F	G	H
11		年代別人数	20歳代			9名		
12			30歳代			6名		
13			40歳代			11名		
14			50歳代			4名		
15		平均年齢				38.4歳		
16		男女別平均年齢	男			39.6歳		
17			女			36.8歳		
18		平均勤続年月				15年6か月		
19		男女別平均勤続年月	男					
20			女					
21		基本給		最高金額	最低金額	平均金額		
22		年代別基本給	20歳代					
23			30歳代					
24			40歳代					
25			50歳代					
26								

① **2019**

セル【F18】に「=CONCAT(DATEDIF(AVERAGE(入社年月日),TODAY(),"Y"),"年",DATEDIF(AVERAGE(入社年月日),TODAY(),"YM"),"か月")」と入力します。

2016/2013

セル【F18】に「=CONCATENATE(DATEDIF(AVERAGE(入社年月日),TODAY(),"Y"),"年",DATEDIF(AVERAGE(入社年月日),TODAY(),"YM"),"か月")」と入力します。

Let's Try ためしてみよう

セル範囲【F19:F20】に、男女別平均勤続年月を求める数式を入力しましょう。
※引数には名前「性別」「入社年月日」を使います。

	B	C	D	E	F	G
11	年代別人数	20歳代			9名	
12		30歳代			6名	
13		40歳代			11名	
14		50歳代			4名	
15	平均年齢				38.4歳	
16	男女別平均年齢	男			39.6歳	
17		女			36.8歳	
18	平均勤続年月				15年6か月	
19	男女別平均勤続年月	男			17年2か月	
20		女			13年4か月	
21	基本給		最高金額	最低金額	平均金額	
22	年代別基本給	20歳代				
23		30歳代				
24		40歳代				
25		50歳代				
26						

Let's Try Answer

① **2019**

セル【F19】に「=CONCAT(DATEDIF(AVERAGEIF(性別,C19,入社年月日),TODAY(),"Y"),"年",DATEDIF(AVERAGEIF(性別,C19,入社年月日),TODAY(),"YM"),"か月")」と入力

2016/2013

セル【F19】に「=CONCATENATE(DATEDIF(AVERAGEIF(性別,C19,入社年月日),TODAY(),"Y"),"年",DATEDIF(AVERAGEIF(性別,C19,入社年月日),TODAY(),"YM"),"か月")」と入力

② セル【F19】を選択し、セル右下の■(フィルハンドル)をセル【F20】までドラッグ

164

Step5 基本給を求める

1 年代別基本給の最高金額の算出

年代別基本給の最高金額を求めましょう。
年代別基本給の最高金額は、シート「**社員一覧**」のF列の年齢をもとに、条件を満たすセルをI列の中から検索して求めます。

2019 MAXIFS関数を使います。

2016/2013 MAX関数とIF関数を使います。

1 MAXIFS関数

「MAXIFS関数」を使うと、複数の条件をすべて満たすセルの中から最大値を求めることができます。

●MAXIFS関数

複数の条件をすべて満たすセルの最大値を返します。

=MAXIFS（最大範囲, 条件範囲1, 条件1, 条件範囲2, 条件2, ・・・）
     ❶   ❷   ❸   ❹   ❺

❶最大範囲
最大値を求めるセル範囲を指定します。

❷条件範囲1
1つ目の条件で検索するセル範囲を指定します。

❸条件1
条件範囲1から検索する条件を数値や文字列で指定します。
「条件範囲」と「条件」の組み合わせは、127個まで指定できます。

❹条件範囲2
2つ目の条件で検索するセル範囲を指定します。

❺条件2
条件範囲2から検索する条件を数値や文字列で指定します。

例：
セル【H3】にセル範囲【F3：F6】の中から大阪所属の男性の最高点を求めます。

H3		× ✓ ƒx	=MAXIFS(F3:F6,D3:D6,"大阪",E3:E6,"男性")

◢	A	B	C	D	E	F	G	H
1								
2		No.	氏名	所属	性別	点数		大阪所属の男性の最高点
3		1	赤坂　拓郎	東京	男性	87		94
4		2	市川　浩太	大阪	女性	57		
5		3	大橋　弥生	大阪	男性	68		
6		4	北川　翔	大阪	男性	94		
7								

POINT　MAX関数とIF関数のネスト

MAXIFS関数に対応していないバージョンの場合は、「MAX関数」と「IF関数」を組み合わせて（ネスト）、複数の条件をすべて満たすセルの中から最大値を求めることができます。
また、表内の複数のセルを対象にするため、数式は配列数式として入力する必要があります。
数式は次のように入力します。

{＝MAX（IF（(条件1)＊(条件2),検索範囲))}

※配列数式内で複数の条件を満たすセルを検索する場合は、「＊(アスタリスク)」を使います。

POINT　配列数式

配列数式とは表内の複数のセルやセル範囲の値をまとめて、ひとつの数式で計算できるようにしたものです。複雑な計算をしたり、いくつものセルを使用したりする場合も、配列数式を使うと簡単に計算できます。
配列数式を入力する場合は、数式を入力後、Ctrl と Shift を押しながら Enter を押します。配列数式として入力すると、数式全体が「{ }」で囲まれます。

2　年代別基本給の最高金額の算出

MAXIFS関数を使って、セル範囲【D22：D25】に年代別基本給の最高金額を求める数式を入力しましょう。
※引数には名前「基本給」「年齢」を使います。

●セル【D22】の数式

```
2019
```

＝MAXIFS（基本給, 年齢,">=20", 年齢,"<30"）

❶名前「年齢」の中から「20以上」、「30未満」という2つの条件
❷名前「基本給」の中から❶に対応したセルの最大値を表示する

```
2016/2013
```

{＝MAX（IF（(年齢>=20)＊(年齢<30), 基本給))}

❶名前「年齢」の中から「20以上」、「30未満」という2つの条件
❷❶の条件を満たすセルを名前「基本給」の中から検索して返す
❸❷に対応したセルの最大値を表示する

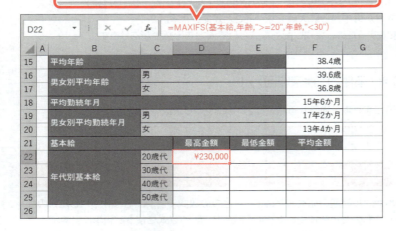

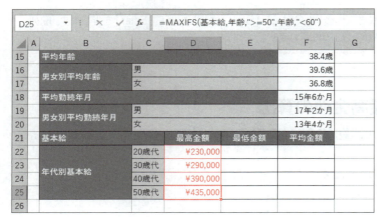

20歳代の基本給の最大値を求めます。

① 2019

セル【D22】に「=MAXIFS(基本給,年齢,">=20",年齢,"<30")」と入力します。

2016/2013

セル【D22】に「=MAX(IF((年齢>=20)＊(年齢<30),基本給))」と入力し、Ctrlと Shiftを押しながら Enterを押します。

※セル【D22】には、あらかじめ通貨の表示形式が設定されています。

その他の年代の最高金額を求めます。

②セル【D22】を選択し、セル右下の■(フィルハンドル)をダブルクリックします。

数式がコピーされます。

③ 2019

セル【D23】の数式を「=MAXIFS(基本給,年齢,">=30",年齢,"<40")」に修正します。

2016/2013

セル【D23】の数式を「=MAX(IF((年齢>=30)＊(年齢<40),基本給))」に修正し、Ctrlと Shiftを押しながら Enterを押します。

※引数の「>=20」を「>=30」、「<30」を「<40」に修正します。

④同様に、40歳代、50歳代の数式を修正します。

※セル【D24】の引数の「>=20」を「>=40」、「<30」を「<50」に修正します。

※セル【D25】の引数の「>=20」を「>=50」、「<30」を「<60」に修正します。

2 年代別基本給の最低金額の算出

年代別基本給の最低金額を求めましょう。
年代別基本給の最低金額は、シート**「社員一覧」**のF列の年齢をもとに、条件を満たすセルをI列の中から検索して求めます。

2019 MINIFS関数を使います。

2016/2013 MIN関数とIF関数を使います。

1 MINIFS関数

MINIFS関数」を使うと、複数の条件をすべて満たすセルの中から最小値を求めることができます。

●MINIFS関数

複数の条件をすべて満たすセルの最小値を返します。

=MINIFS（最小範囲, 条件範囲1, 条件1, 条件範囲2, 条件2, ・・・）
　　　　　　　❶　　　　❷　　　　❸　　　　❹　　　　❺

---

❶最小範囲
最小値を求めるセル範囲を指定します。

❷条件範囲1
1つ目の条件で検索するセル範囲を指定します。

❸条件1
条件範囲1から検索する条件を数値や文字列で指定します。「条件範囲」と「条件」の組み合わせは、127個まで指定できます。

❹条件範囲2
2つ目の条件で検索するセル範囲を指定します。

❺条件2
条件範囲2から検索する条件を数値や文字列で指定します。

例：
セル【H3】にセル範囲【F3：F6】の中から大阪所属の男性の最低点を求めます。

H3	▼	:	×	✓	fx	=MINIFS(F3:F6,D3:D6,"大阪",E3:E6,"男性")

▲	A	B	C	D	E	F	G	H
1								
2		No.	氏名	所属	性別	点数		大阪所属の男性の最低点
3		1	赤坂 拓郎	東京	男性	87		68
4		2	市川 浩太	大阪	女性	57		
5		3	大橋 弥生	大阪	男性	68		
6		4	北川 翔	大阪	男性	94		
7								

👆 POINT　MIN関数とIF関数のネスト

MINIFS関数に対応していないバージョンの場合は、「MIN関数」と「IF関数」を組み合わせて（ネスト）、複数の条件をすべて満たすセルの中から最小値を求めることができます。
また、表内の複数のセルを対象にするため、数式は配列数式として入力する必要があります。
数式は次のように入力します。

> {=MIN（IF（（条件1）＊（条件2），検索範囲））}

※配列数式内で複数の条件を満たすセルを検索する場合は、「＊（アスタリスク）」を使います。

168

2 年代別基本給の最低金額の算出

MINIFS関数を使って、セル範囲【E22:E25】に年代別基本給の最低金額を求める数式を入力しましょう。

※引数には名前「基本給」「年齢」を使います。

● セル【E22】の数式

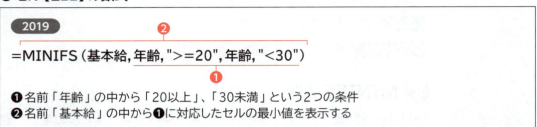

❶ 名前「年齢」の中から「20以上」、「30未満」という2つの条件
❷ 名前「基本給」の中から❶に対応したセルの最小値を表示する

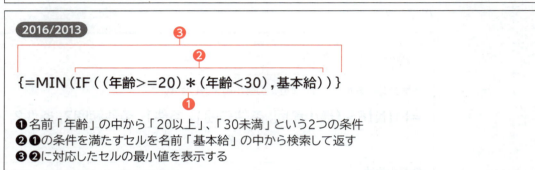

❶ 名前「年齢」の中から「20以上」、「30未満」という2つの条件
❷ ❶の条件を満たすセルを名前「基本給」の中から検索して返す
❸ ❷に対応したセルの最小値を表示する

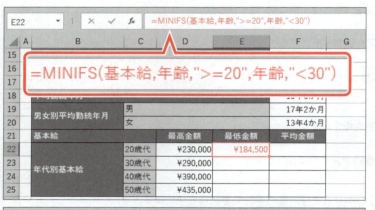

① **2019**
セル【E22】に「=MINIFS(基本給,年齢,">=20",年齢,"<30")」と入力します。

2016/2013
セル【E22】に「=MIN(IF((年齢>=20)*(年齢<30),基本給))」と入力し、Ctrl と Shift を押しながら Enter を押します。

※セル範囲【E22】には、あらかじめ通貨の表示形式が設定されています。

その他の年代の最低金額を求めます。

② セル【E22】を選択し、セル右下の■（フィルハンドル）をダブルクリックします。

③ **2019**
セル【E23】の数式を「=MINIFS(基本給,年齢,">=30",年齢,"<40")」に修正します。

2016/2013
セル【E23】の数式を「=MIN(IF((年齢>=30)*(年齢<40),基本給))」に修正し、Ctrl と Shift を押しながら Enter を押します。

※引数の「>=20」を「>=30」、「<30」を「<40」に修正します。

④ 同様に、40歳代、50歳代の数式を修正します。

※セル【E24】の引数の「>=20」を「>=40」、「<30」を「<50」に修正します。
※セル【E25】の引数の「>=20」を「>=50」、「<30」を「<60」に修正します。

3 年代別基本給の平均金額の算出

年代別基本給の平均金額を求めましょう。
年代別基本給の平均金額は、シート**「社員一覧」**のF列の年齢をもとに、条件を満たすセルのI列を平均して求めます。
AVERAGEIFS関数を使います。

1 AVERAGEIFS関数

「AVERAGEIFS関数」を使うと、複数の条件をすべて満たすセルの平均を求めることができます。

●AVERAGEIFS関数

複数の条件をすべて満たすセルの平均値を求めます。

＝AVERAGEIFS（平均対象範囲, 条件範囲1, 条件1, 条件範囲2, 条件2, ・・・）
              ❶   ❷   ❸   ❹   ❺

---

❶平均対象範囲
複数の条件をすべて満たす場合に、平均するセル範囲を指定します。

❷条件範囲1
1つ目の条件によって検索するセル範囲を指定します。

❸条件1
1つ目の条件を指定します。
条件が入力されているセルを参照するか、「"＝30000"」や「">15"」のように「"（ダブルクォーテーション）」で囲んで直接入力します。
「条件範囲」と「条件」の組み合わせは、127個まで指定できます。

❹条件範囲2
2つ目の条件によって検索するセル範囲を指定します。

❺条件2
2つ目の条件を指定します。

※引数の指定順序がAVERAGEIF関数と異なるので、注意しましょう。

例：
=AVERAGEIFS（C3：C10, A3：A10, "りんご", B3：B10, "青森"）
セル範囲【A3：A10】から「りんご」、セル範囲【B3：B10】から「青森」を検索し、両方に対応するセル範囲【C3：C10】の値を平均します。

170

2 年代別基本給の平均金額の算出

AVERAGEIFS関数を使って、セル範囲【F22：F25】に年代別基本給の平均金額を求める数式を入力しましょう。

※引数には名前「基本給」「年齢」を使います。

●セル【F22】の数式

=AVERAGEIFS(基本給,年齢,">=20",年齢,"<30")

❶名前「年齢」の中から「20以上」、「30未満」という2つの条件
❷名前「基本給」の中から❶に対応したセルの平均を表示する

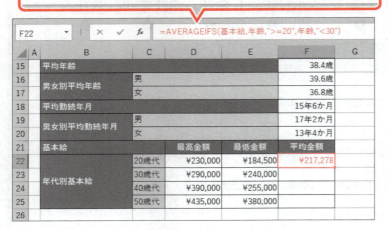

20歳代の基本給の平均を求めます。

①セル【F22】に「=AVERAGEIFS(基本給,年齢,">=20",年齢,"<30")」と入力します。

※セル【F22】には、あらかじめ通貨の表示形式が設定されています。

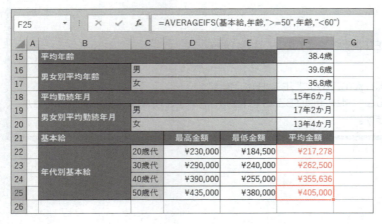

その他の年代の基本給の平均を求めます。

②セル【F22】を選択し、セル右下の■(フィルハンドル)をダブルクリックします。

③セル【F23】の数式を「=AVERAGEIFS(基本給,年齢,">=30",年齢,"<40")」に修正します。

※引数の「>=20」を「>=30」、「<30」を「<40」に修正します。

④同様に、40歳代、50歳代の数式を修正します。

※セル【F24】の引数の「>=20」を「>=40」、「<30」を「<50」に修正します。

※セル【F25】の引数の「>=20」を「>=50」、「<30」を「<60」に修正します。

※ブックに任意の名前を付けて保存し、閉じておきましょう。

第7章

出張旅費伝票の作成

Step1	出張旅費伝票を確認する	173
Step2	事例と処理の流れを確認する	174
Step3	出張期間を入力する	178
Step4	曜日を自動的に表示する	181
Step5	精算金額を合計する	185

Step 1 出張旅費伝票を確認する

第7章　出張旅費伝票の作成

1 出張旅費伝票

業務で職場以外の場所に移動する際に発生する費用を「**出張旅費**」といいます。

一般的に、出張旅費には、電車代、バス代、タクシー代、航空運賃、宿泊代などが含まれます。

出張旅費の基準は、企業によってルールが決められており、それに従って支給されます。

企業によっては、交通費などの実費以外に、食事代が支給されたり、出張手当が支給されたりします。また、定期券の範囲の交通費は支給対象外であったり、新幹線や飛行機を利用する出張の場合にはチケット自体が支給されたりすることもあるようです。

このように企業によってルールが異なるため、出張旅費の精算伝票も様々な形式のものが利用されています。

No.)2019-125

経費明細書

					精算期間		
従業員番号	201000123			自	2019年10月14日(月)		
名前	田中 一郎			至	2019年10月18日(金)		
部署	営業部						

日付	出張先	宿泊費	交通費	出張手当	食費	接待費	その他	合計
2019年10月14日(月)	都内)顧客先		320		300			620
2019年10月15日(火)	都内)顧客先		240		300			540
2019年10月16日(水)	千葉市)研究センター		2,500	500				3,000
2019年10月17日(木)	大阪市)顧客先	7,800	14,450	1,500		15,000		38,750
2019年10月18日(金)	大阪市)顧客先		14,450	1,500				15,950
		7,800	31,960	3,500	600	15,000	0	

		小計	¥58,860
		仮払い	¥50,000
		合計	¥8,860

承認	備考
	10/17-18の大阪出張には、新幹線を使用。

出張旅費精算書

前 払	-	¥0	経理部	担当課	2019年10月4日〜		出張者	
精 算	2019年10月11日	¥12,934			2019年10月6日	社員番号	100123	印
差 額	(不足額)	¥12,934			(2泊3日間)	氏名	営業)佐藤 次郎	

月日	出張先・目的	運賃(鉄道・航空など)			タクシー代	ガソリン代	宿泊費		日当	合計
		区間	明細	金額	金額	金額	種別	金額		
10/4	札幌)新商品イベント	東京(駅)から	乗車券	637					1,800	¥4,027
			特急料金	1,070						
		札幌(駅)まで	指定席	520			会社手配	○		
			チケット支給	○(航空券)						
10/5	札幌)新商品イベント	札幌(駅)から	乗車券	1,660	1,420				1,800	¥4,880
			特急料金							
		イベント会場(駅)まで	指定席				会社手配	○		
			チケット支給							
10/6	札幌)新商品イベント	札幌(駅)から	乗車券	637					1,800	¥4,027
			特急料金	1,070						
		東京(駅)まで	指定席	520			会社手配			
			チケット支給	○(航空券)						
		(駅)から	乗車券							
			特急料金							
		(駅)まで	指定席				会社手配			
			チケット支給							
		(駅)から	乗車券							
			特急料金							
		(駅)まで	指定席				会社手配			
			チケット支給							
合計				¥6,114	¥1,420	¥0		¥0	¥5,400	¥12,934

Step2 事例と処理の流れを確認する

1 事例

具体的な事例をもとに、どのような出張旅費伝票を作成するのかを確認しましょう。

●事例

総務部門では、Excelで作成した出張旅費伝票を全社共通のフォーマットとして、各部門に配布しています。

現状の出張旅費伝票は手入力する箇所が多く、頻繁に出張する営業部門からもっと簡単に入力できるように見直して欲しいという要望があがっています。

これからは、できるだけ手入力する箇所を減らし、短時間で正確に作成できるように出張旅費伝票を加工したいと考えています。

STEP UP 企業の組織

企業は、担当する仕事の内容により「部門」に組織化されています。企業における部門には、次のようなものがあります。

部門	業務内容
人事部門	人材の確保や部門への配置、人材の育成などを行います。 社員に関する様々な業務に関係しています。
総務部門	就業規則や庶務管理を行います。
経理部門	資金調達、運用、資産などの企業の資金面を管理しています。
営業部門	企業が提供する製品やサービスを顧客に販売し、売上を回収します。
マーケティング部門	市場調査を行います。
購買部門	製品の製造や業務に必要な材料を調達します。
製造部門	製品を製造します。
研究開発部門	製品の開発や研究などを行います。
情報システム部門	社内の情報システムを開発、運営します。

174

2 処理の流れ

出張旅費伝票の入力箇所ができるだけ少なくなるように、表にあらかじめ関数などの数式を入力します。
また、誤って必要な数式を消してしまったり、書式が崩れてしまったりすることを防ぐために、入力箇所以外はシートを保護します。

1 作成する出張旅費伝票の確認

入力するセルと関数などの数式を使って自動入力させるセルを確認しましょう。

●入力するセル

出張旅費伝票

発行元部署→経理部

申請年月日	社員番号	所属	氏名	所属長印
2019/8/8	M2515	マーケティング本部・企画課	町田　康平	

出張地域	要件
名古屋	東海地区新店舗出店・市場調査のため

出張期間				出張日数
出発日	2019/8/2	帰着日	2019/8/5	4日間

No.	日付	曜日	出張手当	出発地	帰着地	交通費	宿泊地	宿泊費	小計
1	8/2	金	¥1,500	東京	名古屋	¥11,090	名古屋	¥8,500	¥21,090
2	8/3	土	¥2,000	(名古屋市内移動)		¥1,040	名古屋	¥8,500	¥11,540
3	8/4	日	¥2,400			¥0	名古屋	¥8,500	¥10,900
4	8/5	月	¥1,500	名古屋	東京	¥11,090			¥12,590
5									
6									
7									
8									
9									
10									
						旅費合計			¥56,120
						仮払金額			¥60,000
						精算金額			¥-3,880

【経理記入欄】

伝票番号	
仮払処理日	
精算処理日	

※水色の網かけ部分に必要事項を入力してください。
※必要事項を入力→A4用紙に出力→所属長印を押印→経理部に提出してください。
※「精算金額」がマイナスになる場合、剰余金を経理部に返却してください。

●関数などを使って自動入力させるセル

出張旅費伝票

発行元部署→経理部

申請年月日	社員番号	所属	氏名	所属長印
2019/8/8	M2515	マーケティング本部・企画課	町田　康平	

出張地域	要件
名古屋	東海地区新店舗出店・市場調査のため

出張期間				出張日数
出発日	2019/8/2	帰着日	2019/8/5	4日間

→ 出発日と帰着日を入力すると、出張日数が表示される

No.	日付	曜日	出張手当	出発地	帰着地	交通費	宿泊地	宿泊費	小計
1	8/2	金	¥1,500	東京	名古屋	¥11,090	名古屋	¥8,500	¥21,090
2	8/3	土	¥2,000	(名古屋市内移動)		¥1,040	名古屋	¥8,500	¥11,540
3	8/4	日	¥2,400			¥0	名古屋	¥8,500	¥10,900
4	8/5	月	¥1,500	名古屋	東京	¥11,090			¥12,590
5									
6									
7									
8									
9									
10									
						旅費合計			¥56,120
						仮払金額			¥60,000
						精算金額			¥-3,880

→ 出張手当が表示されると、小計が表示される
交通費と宿泊費を入力すると、小計に加算される

→ 小計が表示されると、旅費合計が算出される

→ 仮払金額を入力すると、旅費合計から仮払金額を引いた精算金額が算出される

【経理記入欄】

伝票番号	
仮払処理日	
精算処理日	

※水色の網かけ部分に必要事項を入力してください。
※必要事項を入力→A4用紙に出力→所属長印を押印→経理部に提出してください。
※「精算金額」がマイナスになる場合、剰余金を経理部に返却してください。

出張日数が表示されると、日付、曜日、出張手当が表示される

176

POINT 仮払い

出張にかかる費用相当の金額を、出張前に経理部門から支給してもらうことを「仮払い」といいます。
実際にかかった費用は、領収書を添えて出張後に精算します。仮払金額が実際にかかった費用よりも多かった場合は、経理部門に余剰金を返却します。
返却方法は、企業により異なりますが、現金での返却、給料からの控除などがあります。

2 参照用の表の確認

出張旅費伝票の項目のうち、出張手当はシート「**出張手当**」の表から参照して表示します。
参照用の出張手当の表を確認しましょう。

●出張手当

出張時の手当の一覧です。曜日によって手当は異なります。

	曜日	出張手当
	月	¥1,500
	火	¥1,500
	水	¥1,500
	木	¥1,500
	金	¥1,500
	土	¥2,000
	日	¥2,400

Step3 出張期間を入力する

1 出張日数の算出

出発日と帰着日をもとに、セル【J12】に出張日数を求める数式を入力しましょう。
出張日数は「**帰着日－出発日＋1**」で求められます。
また、IF関数とOR関数を使って、セル【C12】の出発日またはセル【G12】の帰着日が入力されていないときは、何も表示されないようにします。

●セル【J12】の数式

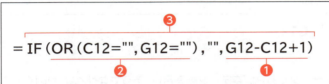

❶セル【G12】の帰着日からセル【C12】の出発日を引き、1を足して出張日数を求める
❷「セル【C12】またはセル【G12】が空データである」という条件
❸❷の条件のいずれかを満たす場合は空データを表示し、満たさない場合は❶で求めた日数を表示する

File OPEN　フォルダー「第7章」のブック「出張旅費伝票」のシート「出張旅費伝票」を開いておきましょう。

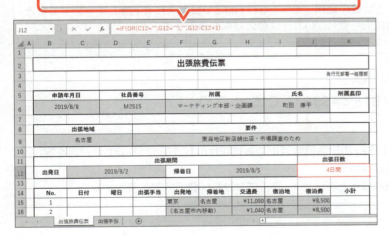

①セル【J12】に「=IF(OR(C12="",G12=""),"",G12-C12+1)」と入力します。
※セル【J12】には、あらかじめ「＃"日間"」の表示形式が設定されています。

178

2 日付の自動入力

出張日数が算出されたら、明細部分の日付に出張期間の日付が表示されるように数式を入力しましょう。

出張期間の最初の日付はセル【C12】の出発日を表示します。翌日以降の日付は、上の行の日付に1を足して求めます。なお、出張期間を超えた日付は表示しないように、出張日数とNo.の数値を比較してNo.が出張日数を超えたら、何も表示されないようにします。また、セル【J12】に出張日数が表示されていないときは、何も表示されないようにします。

2019 IF関数とIFS関数を使います。

2016/2013 IF関数を使います。

●セル【C15】の数式

= IF (J12="" , "" , C12)
　　　　　　①

❶セル【J12】が空データであれば空データを表示し、そうでなければセル【C12】の日付を表示する

●セル【C16】の数式

2019

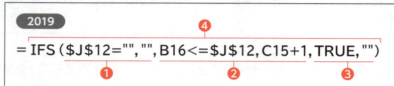

❶セル【J12】が空データであれば何も返さない
❷セル【B16】のNo.がセル【J12】の出張日数以下であればセル【C15】に1を足した日付を返す
❸どの条件も満たさない場合は何も返さない
❹1つ目の条件に一致するときは❶の結果、そうでなければ2つ目の条件を判断して一致するときは❷の結果、どちらの条件にも一致しないときは❸の結果を表示する

2016/2013

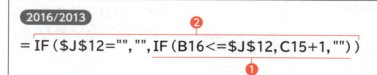

❶セル【B16】のNo.がセル【J12】の出張日数以下であればセル【C15】に1を足した日付を返し、出張日数を超えたら何も返さない
❷セル【J12】が空データであれば何も表示せず、そうでなければ❶の結果を表示する

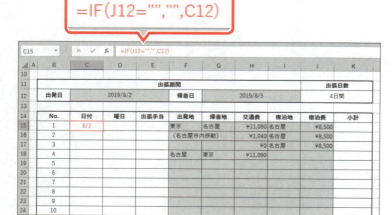

①セル【C15】に「=IF(J12="","",C12)」と入力します。

※セル【C15】には、あらかじめ日付の表示形式が設定されています。

```
=IFS($J$12="","",B16<=$J$12,C15+1,TRUE,"")
```

② **2019**

セル【C16】に「=IFS($J$12="","",B16
<=$J$12,C15+1,TRUE,"")」と入力
します。

※「=IFS($J$12="","",B16<=$J$12,C15+1,
B16>$J$12,"")」と入力してもかまいません。

2016/2013

セル【C16】に「=IF($J$12="","",IF(
B16<=$J$12,C15+1,""))」と入力し
ます。

※数式をコピーするため、セル【J12】は常に同じセル
を参照するように絶対参照にしておきます。

③セル【C16】を選択し、セル右下の■（フィ
ルハンドル）をセル【C24】までドラッグし
ます。

数式がコピーされ、■（オートフィルオプ
ション）が表示されます。

④ ■・（オートフィルオプション）をクリック
します。

※■・をポイントすると、■・になります。

⑤《書式なしコピー（フィル）》をクリックします。

※コピー元とコピー先の罫線の種類が異なるため、書
式以外をコピーします。

罫線がもとの表示に戻ります。

※任意のセルをクリックし、選択を解除しておきましょう。

180

Step4 曜日を自動的に表示する

1 曜日の表示

明細部分の日付に対応した曜日を表示しましょう。
曜日は表示形式を使っても設定できますが、ここでは文字列として曜日を求めます。
WEEKDAY関数とCHOOSE関数を使います。

1 WEEKDAY関数・CHOOSE関数

「WEEKDAY関数」を使うと、シリアル値に対応する曜日の番号を表示します。
「CHOOSE関数」を使うと、引数として指定したリストの中から、指定したインデックスの番号に該当する値を取り出します。

●WEEKDAY関数

シリアル値に対応する曜日の番号を返します。

=WEEKDAY (シリアル値, 種類)
　　　　　　　　　　❶　　　❷

❶ シリアル値
日付が入力されているセルまたは日付を指定します。

❷ 種類
曜日の基準になる種類を指定します。指定した種類に対応する計算結果は、次のとおりです。

種類	計算結果（指定した種類に対応する曜日の番号）						
	日	月	火	水	木	金	土
1または省略	1	2	3	4	5	6	7
2	7	1	2	3	4	5	6
3	6	0	1	2	3	4	5

例1：
=WEEKDAY (A2, 2)
セル【A2】に入力されている日付の曜日を種類「2」に対応する曜日の番号で返します。
セル【A2】の日付が火曜日の場合、「2」を返します。

例2：
種類「2」に対応する曜日の番号が6より小さい（月～金）の場合は「平日」、6以上（土、日）の場合は「休日」と表示します。

B2		× ✓ fx	=IF(WEEKDAY(A2,2)<6,"平日","休日")				
▲	A	B	C	D	E	F	G
1	日付						
2	10月1日(火)	平日					
3	10月2日(水)	平日					
4	10月3日(木)	平日					
5	10月4日(金)	平日					
6	10月5日(土)	休日					
7	10月6日(日)	休日					
8	10月7日(月)	平日					
9	10月8日(火)	平日					
10	10月9日(水)	平日					
11							

●CHOOSE関数

値のリストからインデックスに指定した番号に該当する値を返します。

=CHOOSE（インデックス, 値1, 値2, ・・・）
　　　　　　❶　　　　　❷

❶インデックス
❷のリストの何番目の値を選択するかを指定します。数値やセルを指定します。
❷値
❶で選択するリストを指定します。最大254個まで指定できます。

例：
=CHOOSE（2,"日","休み","火","水","木","金","土"）
「日」～「土」のリストから2番目の「休み」を返します。

2 曜日の表示

WEEKDAY関数とCHOOSE関数を使って、セル範囲【D15：D24】に、セル範囲【C15：C24】の日付に対応した曜日を表示する数式を入力しましょう。
また、IF関数を使って、日付が表示されていないときは、何も表示されないようにします。

●セル【D15】の数式

= IF(C15="","",CHOOSE(WEEKDAY(C15,1),"日","月","火","水","木","金","土"))
　　　　　　　　　　　　　　　　❶
　　　　　　　　　　❷
　　　　　❸

❶セル【C15】の日付の曜日を種類「1」に対応する曜日の番号で返す
❷「日」～「土」の中から、❶で求めた曜日の番号と同じ位置の文字列を返す
❸セル【C15】が空データであれば空データを表示し、そうでなければ❷の結果を表示する

=IF(C15="","",CHOOSE(WEEKDAY(C15,1),"日","月","火","水","木","金","土"))

①セル【D15】に「=IF(C15="","",CHOOSE(WEEKDAY(C15,1),"日","月","火","水","木","金","土"))」と入力します。

②セル【D15】を選択し、セル右下の■（フィルハンドル）をセル【D24】までドラッグします。

数式がコピーされます。

※コピー元とコピー先の罫線の種類が異なるため、書式以外をコピーします。（オートフィルオプション）をクリックして、《書式なしコピー（フィル）》をクリックしておきましょう。

182

STEP UP | **TEXT関数**

曜日を文字列として求めるにはTEXT関数を使う方法もあります。
TEXT関数を使うと、セル【D15】の数式は「=IF(C15="","",TEXT(C15,"aaa"))」と入力できます。

=IF(C15="","",TEXT(C15,"aaa"))

	A	B	C	D	E	F	G	H
13								
14		No.	日付	曜日	出張手当	出発地	帰着地	交通費
15		1	8/2	金		東京	名古屋	¥11,090
16		2	8/3	土		(名古屋市内移動)		¥1,040
17		3	8/4	日				¥0
18		4	8/5	月		名古屋	東京	¥11,090
19		5						

STEP UP | **SWITCH関数**   `2019`

「SWITCH関数」を使うと、複数の値を検索し、一致した値に対応する結果を表示できます。数値や文字列によってそれぞれ異なる結果を表示したいときに使います。
CHOOSE関数では表示する値をリストに対応する数値で指定しますが、SWITCH関数では、値や値に対応する結果を数値や文字列などで指定できます。

●SWITCH関数

複数の値の中から「検索値」と一致した「値」に対応する「結果」を返します。一致する「値」がない場合は「既定の結果」を返します。

=SWITCH(検索値, 値1, 結果1, 値2, 結果2, ・・・, 既定の結果)
　　　　　　❶　　❷　　❸　　❹　　❺　　　　　　　❻

❶検索値
検索する値を、数値または数式、文字列で指定します。

❷値1
検索値と比較する1つ目の値を、数値または数式、文字列で指定します。

❸結果1
検索値が「値1」に一致したときに返す結果を指定します。
「値」と「結果」の組み合わせは、126個まで指定できます。

❹値2
検索値と比較する2つ目の値を、数値または数式、文字列で指定します。

❺結果2
検索値が「値2」に一致したときに返す結果を指定します。

❻既定の結果
検索値がどの値にも一致しなかったときに返す結果を指定します。省略した場合はエラー「#N/A」が返されます。

例：
=SWITCH(A1,"A","優","B","良","C","可","不可")
セル【A1】が「A」であれば「優」、「B」であれば「良」、「C」であれば「可」、それ以外は「不可」を表示します。

2 出張手当の表示

VLOOKUP関数を使って、セル範囲【E15:E24】に、シート「**出張手当**」のB列の曜日に対応する出張手当を表示する数式を入力しましょう。
また、IF関数を使って、曜日が表示されていないときは、何も表示されないようにします。
※シート「出張手当」のセル範囲【B3:C9】には、あらかじめ名前「出張手当」が定義されています。
※引数には名前「出張手当」を使います。

●セル【E15】の数式

```
= IF (D15="","",VLOOKUP(D15,出張手当,2,FALSE))
```
　　　　　　❶ が VLOOKUP 部分、❷ が IF 全体

❶セル【D15】の曜日をもとに、名前「出張手当」の1列目を検索して値が一致するとき、その行の左端列から2列目のデータを表示する
❷セル【D15】が空データであれば何も表示せず、そうでなければ❶の結果を表示する

① セル【E15】に「=IF(D15="","",VLOOKUP(D15,出張手当,2,FALSE))」と入力します。
※セル【E15】には、あらかじめ通貨の表示形式が設定されています。

② セル【E15】を選択し、セル右下の■(フィルハンドル)をセル【E24】までドラッグします。
数式がコピーされます。
※コピー元とコピー先の罫線の種類が異なるため、書式以外をコピーします。📋▼(オートフィルオプション)をクリックして、《書式なしコピー(フィル)》をクリックしておきましょう。

Step 5 精算金額を合計する

1 小計と旅費合計の算出

SUM関数を使って、セル範囲【K15:K24】に、出張手当、交通費、宿泊費を合計する数式を入力しましょう。なお、IF関数を使って、日付が表示されていないときは、何も表示されないようにします。
また、セル【K25】に旅費合計を求める数式を入力しましょう。

●セル【K15】の数式

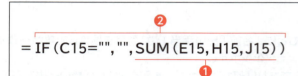

❶セル【E15】とセル【H15】とセル【J15】の合計を求める
❷セル【C15】が空データであれば何も表示せず、そうでなければ❶の結果を表示する

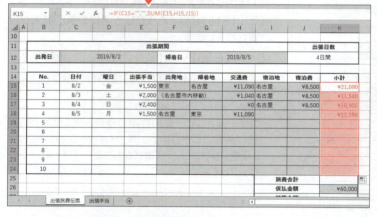

小計を求めます。

①セル【K15】に「=IF(C15="","",SUM(E15,H15,J15))」と入力します。
※セル【K15】には、あらかじめ通貨の表示形式が設定されています。
②セル【K15】を選択し、セル右下の■(フィルハンドル)をセル【K24】までドラッグします。

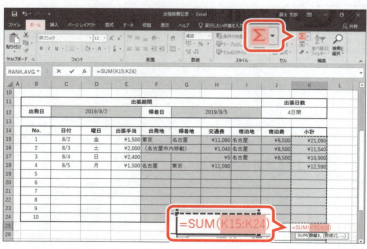

旅費合計を求めます。

③セル【K25】をクリックします。
④《ホーム》タブを選択します。
⑤《編集》グループの Σ (合計)をクリックします。
⑥数式が「=SUM(K15:K24)」になっていることを確認します。

⑦ [Enter]を押します。

※ Σ（合計）を再度クリックして確定することもできます。

2 精算金額の算出

セル【K27】に旅費合計から仮払金額を引いた精算金額を求める数式を入力しましょう。

①セル【K27】に「=K25-K26」と入力します。

※セル【K27】には、あらかじめ通貨の表示形式が設定されています。結果が負（マイナス）の値の場合は赤字で表示されます。

※セル【B32】には、セル【K27】が負の値の場合に赤の太字で表示されるように、条件付き書式が設定されています。

STEP UP 条件付き書式の確認方法

セル【B32】に設定されている条件付き書式のルールを確認する方法は、次のとおりです。

◆セル【B32】を選択→《ホーム》タブ→《スタイル》グループの （条件付き書式）→《ルールの管理》→ルールを選択→《ルールの編集》

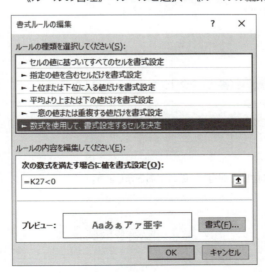

Let's Try ためしてみよう

①シート「出張旅費伝票」の入力箇所となるセルのロックを解除しましょう。入力箇所のセルのデータをクリアしてから、セルのロックを解除します。

※水色の網かけが設定されているセルが入力箇所です。

②シート「出張旅費伝票」を保護しましょう。

	No.	日付	曜日	出張手当	出発地	帰着地	交通費	宿泊地	宿泊費	小計

出張旅費伝票

発行元部署→経理部

申請年月日	社員番号		所属		氏名		所属長印

出張地域			要件			

出張期間						出張日数
出発日			帰着日			

No.	日付	曜日	出張手当	出発地	帰着地	交通費	宿泊地	宿泊費	小計
1									
2									
3									
4									
5									
6									
7									
8									
9									
10									

		旅費合計	¥0
		仮払金額	
		精算金額	¥0

【経理記入欄】

※水色の網かけ部分に必要事項を入力してください。	伝票番号	
※必要事項を入力→A4用紙に出力→所属長印を押印→経理部に提出してください。	仮払処理日	
※「精算金額」がマイナスになる場合、剰余金を経理部に返却してください。	精算処理日	

Let's Try Answer

①

①セル範囲【B6：I6】、セル範囲【B9：E9】、セル【C12】、セル【G12】、セル範囲【F15：J24】、セル【K26】を選択

※2箇所目以降のセル範囲は Ctrl を押しながら選択します。

② Delete を押す

③セル範囲【B6：I6】、セル範囲【B9：E9】、セル【C12】、セル【G12】、セル範囲【F15：J24】、セル【K26】が選択されていることを確認

④《ホーム》タブを選択

⑤《セル》グループの 書式 (書式)をクリック

⑥《セルのロック》をクリック

②

①《ホーム》タブを選択

②《セル》グループの 書式 (書式)をクリック

③《シートの保護》をクリック

④《シートとロックされたセルの内容を保護する》を ✔ にする

⑤《OK》をクリック

※ブックに任意の名前を付けて保存し、閉じておきましょう。

参考学習

様々な関数の利用

Step1	金種表を作成する	189
Step2	年齢の頻度分布を求める	192
Step3	偏差値を求める	195
Step4	毎月の返済金額を求める	198
Step5	預金満期金額を求める	200

Step1 金種表を作成する

1 金種表

「金種表」とは、金種ごとの必要枚数を求めるもので、交通費や給料を現金で支払う場合などに利用されます。

金種ごとの必要枚数を求めるには、QUOTIENT関数とMOD関数を使います。

次のような金種表を作成しましょう。

	A	B	C	D	E	F	G	H	I	J
1		交通費精算・金種表								2019年10月分
2		氏名	精算金額	¥10,000	¥5,000	¥1,000	¥500	¥100	¥50	¥10
3		井口　健二	¥36,450	3	1	1	0	4	1	0
4		岡田　徹	¥21,650	2	0	1	1	1	1	0
5		小野　宏	¥5,360	0	1	0	0	3	1	1
6		斉藤　孝	¥7,830	0	1	2	1	3	0	3
7		但馬　綾子	¥18,200	1	1	3	0	2	0	0
8		橘　皐月	¥13,550	1	0	3	1	0	1	0
9		田中　清一	¥9,820	0	1	4	1	3	0	2
10		鶴田　通子	¥25,610	2	1	0	1	1	0	1
11		中川　次郎	¥6,930	0	1	1	1	4	0	3
12		並木　和也	¥13,520	1	0	3	1	0	0	2
13		浜崎　裕輔	¥16,980	1	1	1	1	4	1	3
14		松野　康平	¥3,640	0	0	3	1	1	0	4
15		武藤　真一	¥15,420	1	1	0	0	4	0	2
16		渡辺　祐二	¥7,890	0	1	2	1	3	1	4
17		合計枚数		12	10	24	10	33	6	25
18										

QUOTIENT関数　　QUOTIENT関数・MOD関数

参考学習　様々な関数の利用

189

2 QUOTIENT関数・MOD関数

「QUOTIENT関数」を使うと、割り算の商の整数部分を求めることができます。
「MOD関数」を使うと、割り算の余りを求めることができます。

●QUOTIENT関数

分子を分母で割ったときの商の整数部を返します。商の余り（小数部）を切り捨てます。

=QUOTIENT（分子, 分母）
　　　　　　❶　　❷

❶分子
割られる数値やセルを指定します。
❷分母
割る数値やセルを指定します。

例：
=QUOTIENT（13, 5）
「13」を「5」で割ったときの商の整数部分「2」を返します。

●MOD関数

数値を除数で割ったときの余りを返します。

=MOD（数値, 除数）
　　　　❶　　❷

❶数値
割られる数値やセルを指定します。
❷除数
割る数値やセルを指定します。

例：
=MOD（13, 5）
「13」を「5」で割ったときの余り「3」を返します。

POINT　金種計算

QUOTIENT関数とMOD関数を使って、金種表を作成できます。金種は大きい順（一万円札、五千円札、千円札、五百円、百円、五十円、十円）に計算するものとし、二千円札は対象外とします。

> = QUOTIENT（MOD（金額, ひとつ大きい金種）, 金種）

金額をひとつ大きい金種で割ったときの残額をMOD関数で求めます。この残額を計算したい金種で割るとその金種の枚数を求めることができます。ただし、一万円札の枚数を求める場合だけ、MOD関数の代わりに計算対象の金額を指定します。

例：
金額「8530円」の千円札の枚数を求める場合
=QUOTIENT（MOD（8530,5000）,1000）→3
MOD関数で金額（8530円）を千円札のひとつ大きい金種（5000円）で割ったときの残額（3530円）を求め、この残額を計算する金種（1000円）で割り、必要な枚数「3」を求めます。

QUOTIENT関数とMOD関数を使って、交通費の精算金額に対する金種表を作成しましょう。

 フォルダー「参考学習」のブック「金種表」を開いておきましょう。

参考学習 様々な関数の利用

一万円札の枚数を求めます。

① セル【D3】に「=QUOTIENT(C3,$D$2)」と入力します。

※数式をコピーするため、セル【D2】は常に同じセルを参照するように絶対参照にしておきます。

② セル【D3】を選択し、セル右下の■（フィルハンドル）をダブルクリックします。

数式がコピーされます。

五千円札の枚数を求めます。

③ セル【E3】に「=QUOTIENT(MOD($C3,D$2),E$2)」と入力します。

※数式をコピーするため、セル【C3】は列を、セル【D2】とセル【E2】は行を常に固定するように複合参照にしておきます。

④ セル【E3】を選択し、セル右下の■（フィルハンドル）をダブルクリックします。

数式がコピーされます。

その他の金種の枚数を求めます。

⑤ セル範囲【E3:E16】を選択し、セル範囲右下の■（フィルハンドル）をセル【J16】までドラッグします。

数式がコピーされます。

※ブックに任意の名前を付けて保存し、閉じておきましょう。

Step2　年齢の頻度分布を求める

1　頻度分布

「**頻度分布**」とは、統計データの散らばりを把握するためのもので、データの特徴や傾向を分析するときに役立つ情報です。

頻度分布を求めるには、FREQUENCY関数を使います。

次のような頻度分布表を作成しましょう。

FREQUENCY関数

	A	B	C	D	E	F	G	H	I	J
1		モニター申込者						年代別分布表		
2										
3		No.	氏名	年齢	職業			年代	人数	
4		1	遠藤　直子	38	会社員		20	（20歳以下）	3	
5		2	大川　雅人	24	公務員		30	（21〜30歳）	10	
6		3	梶本　修一	48	会社員		40	（31〜40歳）	7	
7		4	桂木　真紀子	22	学生		50	（41〜50歳）	4	
8		5	木村　進	59	会社員		60	（51〜60歳）	4	
9		6	小泉　優子	62	その他			（61歳以上）	2	
10		7	佐山　薫	29	会社員					
11		8	島田　翔	32	会社員					
12		9	辻井　秀子	25	公務員					
13		10	浜崎　秋生	51	会社員					
14		11	平野　篤	27	自営業					
15		12	本多　紀江	20	学生					
16		13	松山　智明	34	公務員					
17		14	森本　武史	36	会社員					
18		15	山野　恵津子	45	主婦					
19		16	富山　葵	31	会社員					
20		17	斎藤　清美	28	会社員					
21		18	杉田　春代	56	主婦					
22		19	高野　洋二	61	自営業					
23		20	近藤　里香	19	学生					
24		21	佐々木　浩太	18	学生					
25		22	市原　貴子	26	主婦					
26		23	植木　大悟	46	会社員					
27		24	加藤　美里	38	会社員					
28		25	大沢　敏子	56	主婦					
29		26	岡本　勝	49	会社員					
30		27	井本　健介	40	会社員					
31		28	須藤　麻衣	22	学生					
32		29	相川　みどり	21	学生					
33		30	田中　良夫	29	その他					
34										

2 FREQUENCY関数

「FREQUENCY関数」を使うと、データの頻度分布を求めることができます。
FREQUENCY関数は配列数式として入力します。最初に頻度分布を表示する範囲を選択してから数式を入力し、Ctrl と Shift を押しながら Enter を押します。

●FREQUENCY関数

範囲内でのデータの頻度分布を縦方向の数値の配列として返します。

＝FREQUENCY（データ配列, 区間配列）
　　　　　　　　　❶　　　　　❷

❶データ配列
頻度分布を求めるデータのセル範囲を指定します。
範囲内の文字列や空白セルは計算対象になりません。

❷区間配列
❶で指定したデータを分類する間隔のセル範囲を指定します。

例：
セル範囲【C3:C6】に入力された「点数」をもとに、セル範囲【G3:G5】で指定した間隔の頻度分布をセル範囲【H3:H6】に求めます。

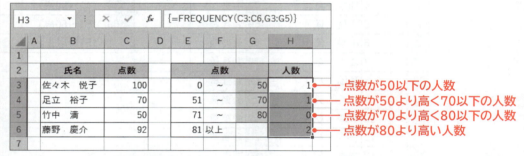

※頻度分布を表示する範囲は、区間配列のデータ範囲（セル範囲【G3:G5】）よりもひとつ多く指定します。
※区間配列で指定する数値は、等間隔でなくてもかまいません。

FREQUENCY関数を使って、各年代の頻度分布を求めましょう。

 フォルダー「参考学習」のブック「頻度分布」を開いておきましょう。

①セル範囲【I4:I9】を選択します。
②セル範囲【I4:I9】に「=FREQUENCY(D4:D33,G4:G8)」と入力します。

配列数式として入力します。
③ Ctrl と Shift を押しながら Enter を押します。
④数式バーに「{=FREQUENCY(D4:D33,G4:G8)}」と表示されていることを確認します。
※数式が「{ }」で囲まれ、セル範囲【I4:I9】に同じ数式が入っていることを確認しておきましょう。

※ブックに任意の名前を付けて保存し、閉じておきましょう。

Step3 偏差値を求める

1 標準偏差と偏差値

「**標準偏差**」とは、データのばらつき具合を示す数値です。

標準偏差を求めるには、STDEV.P関数を使います。

「**偏差値**」とは、ある数値が平均値からどの程度ずれているかを示す数値です。例えば、学年テストで個人の成績が全体のどの位置にあるかを客観的に判断する場合などに役立ちます。偏差値は、平均値と標準偏差をもとに計算します。

次のような個人成績表を作成しましょう。

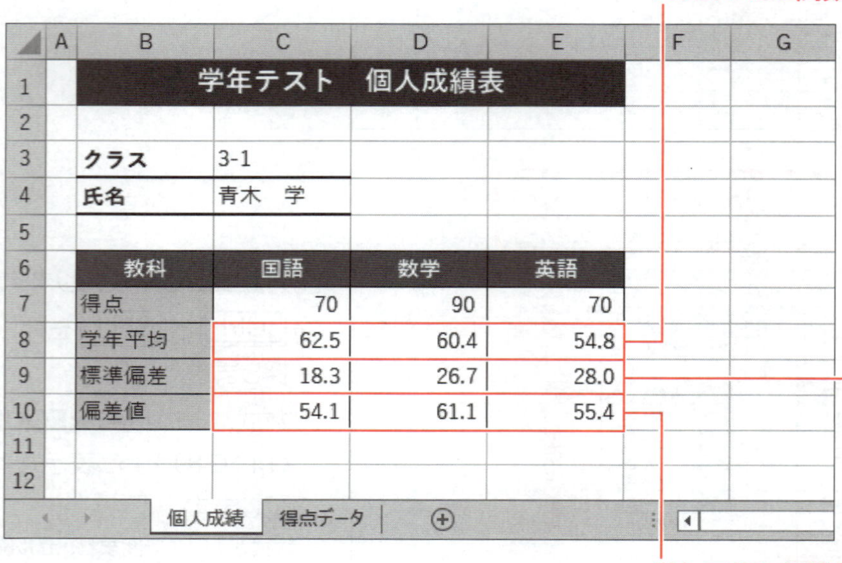

AVERAGE関数

	教科	国語	数学	英語
得点		70	90	70
学年平均		62.5	60.4	54.8
標準偏差		18.3	26.7	28.0
偏差値		54.1	61.1	55.4

学年テスト 個人成績表

クラス 3-1
氏名 青木　学

個人成績　得点データ

STDEV.P関数

学年平均と標準偏差をもとに計算

2 STDEV.P関数・AVERAGE関数

「STDEV.P関数」を使うと、標準偏差を求めることができます。
「AVERAGE関数」を使うと、指定した範囲内のデータの平均値を求めることができます。

●STDEV.P関数

ひとつのまとまりの標準偏差を返します。

=STDEV.P（数値1, 数値2, ・・・）
　　　　　　　❶

❶数値
対象のセルやセル範囲、数値などを指定します。最大255個まで指定できます。

AVERAGE関数を使って各教科の学年平均を求め、STDEV.P関数を使って各教科の標準偏差を求めます。また、学年平均と標準偏差をもとに、個人の偏差値を求めましょう。
偏差値は、「(偏差値を求めたい得点－学年平均)÷標準偏差×10＋50」で求められます。

File OPEN フォルダー「参考学習」のブック「偏差値」のシート「個人成績」を開いておきましょう。

学年平均を求めます。

①セル【C8】に「=AVERAGE（得点データ!A3：A152）」と入力します。

※同じブック内の異なるシートのセルの値を参照すると、「シート名!セル位置」と表示されます。

※セル【C8】には、あらかじめ小数第1位まで表示する表示形式が設定されています。

②セル【C8】を選択し、セル右下の■（フィルハンドル）をセル【E8】までドラッグします。

数式がコピーされます。

標準偏差を求めます。

③セル【C9】に「=STDEV.P（得点データ!A3：A152）」と入力します。

※セル【C9】には、あらかじめ小数第1位まで表示する表示形式が設定されています。

④セル【C9】を選択し、セル右下の■（フィルハンドル）をセル【E9】までドラッグします。

数式がコピーされます。

196

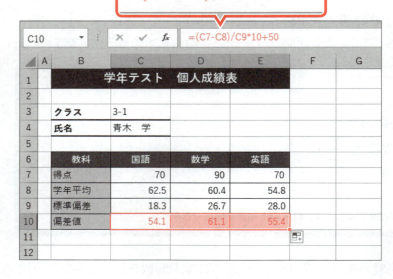

偏差値を求めます。

⑤セル【C10】に「=(C7-C8)/C9*10+50」と入力します。

※セル【C10】には、あらかじめ小数第1位まで表示する表示形式が設定されています。

⑥セル【C10】を選択し、セル右下の■（フィルハンドル）をセル【E10】までドラッグします。

数式がコピーされます。

※ブックに任意の名前を付けて保存し、閉じておきましょう。

参考学習　様々な関数の利用

POINT　STDEV.P関数とSTDEV.S関数

どちらも標準偏差を求める関数ですが、計算対象にするデータが異なります。

●STDEV.P関数

STDEV.P関数は、分析用に収集した全データを対象に標準偏差を求める場合に使います。

※収集したデータの一部を利用する場合でも、条件を付けて抽出したデータなど、ひとまとまりのデータとして考えられる場合は、全データとみなしてこの関数を利用することができます。
　なお、このひとつのまとまりと考えられるデータのことを「母集団」といいます。

例：
学校内全体における1年生の身長データの分析
「1年生の身長データ」は、全データ（学校内全体の身長データ）の一部ですが、1年生を分析の対象にしている場合は、「1年生の身長データ」を母集団と考えることができます。

●STDEV.S関数

STDEV.S関数は、「標本データ」から大きな集団の標準偏差を予測する場合に使います。標本データとは、分析用に収集した全データから無作為に抽出した一部のデータのことです。例えば、国勢調査などデータが膨大で分析に時間や費用がかかりすぎる場合や全数調査が不可能な場合のデータに利用します。

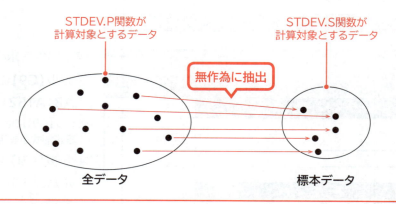

197

Step4 毎月の返済金額を求める

1 返済表

「**返済表**」を作成すると、利率や返済期間、借入金額などに応じた定期的な返済金額を比較できます。返済金額を求めるには、PMT関数を使います。
次のような返済表を作成しましょう。

	A	B	C	D	E	F	G	H
1		海外留学・プラン別返済表						
2								
3		年　利	5.5%					
4		支払日	0	※月初は「1」、月末は「0」を入力				
5								
6		貸付プラン	Aプラン	Bプラン	Cプラン	Dプラン	Eプラン	
7		返済期間	¥250,000	¥300,000	¥500,000	¥1,000,000	¥1,500,000	
8		6か月	¥-42,338	¥-50,805	¥-84,675	¥-169,350	¥-254,026	
9		12か月	¥-21,459	¥-25,751	¥-42,918	¥-85,837	¥-128,755	
10		18か月	¥-14,501	¥-17,402	¥-29,003	¥-58,006	¥-87,009	
11		24か月	¥-11,024	¥-13,229	¥-22,048	¥-44,096	¥-66,143	
12		36か月	¥-7,549	¥-9,059	¥-15,098	¥-30,196	¥-45,294	
13		48か月	¥-5,814	¥-6,977	¥-11,628	¥-23,256	¥-34,885	
14		60か月	¥-4,775	¥-5,730	¥-9,551	¥-19,101	¥-28,652	
15								

PMT関数

2 PMT関数

「**PMT関数**」を使うと、借り入れをした場合の定期的な返済金額を求めることができます。

●PMT関数

一定利率の支払いが定期的に行われる場合の定期支払額を算出します。

=PMT（利率, 期間, 現在価値, 将来価値, 支払期日）
　　　 ❶　　❷　　　❸　　　　❹　　　　❺

---

❶利率
一定の利率を指定します。

❷期間
返済期間全体の返済回数を指定します。
※❶と❷は、時間の単位を一致させます。

❸現在価値
借入金額を指定します。

❹将来価値
最後の支払いを行ったあとに残る借入金額を指定します。省略すると「0」になります。

❺支払期日
返済する期日を指定します。期末の場合は「0」、期首の場合は「1」と指定します。「0」は省略できます。

PMT関数を使って、海外留学費用を借り入れた場合の毎月の返済金額を求めましょう。

 フォルダー「参考学習」のブック「返済表」を開いておきましょう。

① セル【C8】に「=PMT($C$3/12,$B8,C$7,0,$C$4)」と入力します。

※数式をコピーするため、セル【C3】とセル【C4】は常に同じセルを参照するように絶対参照にしておきます。また、セル【B8】は列を、セル【C7】は行を常に固定するように複合参照にしておきます。

※セル【C8】には、あらかじめ通貨の表示形式が設定されています。結果がマイナスで表示されるため、赤字で表示されます。

② セル【C8】を選択し、セル右下の■(フィルハンドル)をダブルクリックします。

③ セル範囲【C8:C14】を選択し、セル範囲右下の■(フィルハンドル)をセル【G14】までドラッグします。

数式がコピーされます。

※ブックに任意の名前を付けて保存し、閉じておきましょう。

POINT 利率と期間

利率と期間は、時間的な単位を一致させる必要があります。年利5.5%のローンを利用して月払いで返済する場合、月単位の利率を指定します。月単位の利率は「年利÷12」で求められます。

POINT 財務関数の符号

財務関数では、支払い(手元から出る金額)は「-(マイナス)」、受取や回収(手元に入る金額)は「+(プラス)」で指定します。関数の計算結果も同様です。計算結果を「-(マイナス)」表示にしたくない場合は、数式に「-(マイナス)」をかけて符号を反転させます。

STEP UP 積立金額の算出

PMT関数を使うと、目標金額を貯金する場合の定期的な積立金額を求めることもできます。積立金額を求める場合には、現在価値に「0」、将来価値に目標金額を設定します。

例:
目標金額の50万円を、年利1%で貯金する場合の毎月の積立金額を求めます。

Step5 預金満期金額を求める

1 積立表

「積立表」を作成すると、利率や積立期間、積立金額などに応じた満期後の受取金額を比較できます。受取金額を求めるには、FV関数を使います。
次のような積立表を作成しましょう。

▲	A	B	C	D	E	F	G
1		海外旅行積立プラン					
2		年　利		1.5%			
3		頭　金		¥-10,000			
4		支払日		0	※月初は「1」、月末は「0」を入力		
5							
6		受取額一覧					
7			積立期間	6か月	12か月	18か月	24か月
8		毎月の積立額					
9		¥-5,000		¥40,169	¥70,565	¥101,190	¥132,045
10		¥-8,000		¥58,225	¥106,814	¥155,768	¥205,090
11		¥-10,000		¥70,263	¥130,979	¥192,153	¥253,786
12		¥-20,000		¥130,451	¥251,808	¥374,078	¥497,268
13		¥-30,000		¥190,639	¥372,636	¥556,003	¥740,750
14		¥-50,000		¥311,014	¥614,293	¥919,854	¥1,227,714
15							
16							

FV関数

200

2 FV関数

「FV関数」を使うと、預金した場合の満期後の受取金額を求めることができます。

●FV関数

一定利率の支払いを定期的に行った場合の投資の将来価値を返します。

=FV(利率, 期間, 定期支払額, 現在価値, 支払期日)
　　 ❶　　❷　　❸　　　　❹　　　　❺

❶利率
一定の利率を指定します。

❷期間
預入期間全体の預入回数を指定します。
※❶と❷は、時間の単位を一致させます。

❸定期支払額
定期的な支払金額を指定します。支払金額は「-(マイナス)」の数値で指定します。

❹現在価値
最初に預け入れる頭金を指定します。「0」は省略できます。

❺支払期日
預け入れる期日を指定します。期末の場合は「0」、期首の場合は「1」と指定します。「0」は省略できます。

例：
=FV(1%/12,24,-5000,0,0) → ¥121,157
毎月5000円を年利1%で2年間(24か月)預金した受取金額を求めます。

FV関数を使って、海外旅行費用を積み立てた場合の受取金額を求めましょう。

 フォルダー「参考学習」のブック「積立表」を開いておきましょう。

=FV($D$2/12,D$7,$B9,$D$3,$D$4)

	A	B	C	D	E	F	G
1		海外旅行積立プラン					
2		年利		1.5%			
3		頭金		¥-10,000			
4		支払日		0	※月初は「1」、月末は「0」を入力		
5							
6		受取額一覧					
7			積立期間	6か月	12か月	18か月	24か月
8		毎月の積立額					
9		¥-5,000		¥40,169	¥70,565	¥101,190	¥132,045
10		¥-8,000		¥58,225	¥106,814	¥155,768	¥205,090
11		¥-10,000		¥70,263	¥130,979	¥192,153	¥253,786
12		¥-20,000		¥130,451	¥251,808	¥374,078	¥497,268
13		¥-30,000		¥190,639	¥372,636	¥556,003	¥740,750
14		¥-50,000		¥311,014	¥614,293	¥919,854	¥1,227,714
15							

①セル【D9】に「=FV($D$2/12,D$7,$B9,$D$3,$D$4)」と入力します。

※数式をコピーするため、セル【D2】とセル【D3】とセル【D4】は常に同じセルを参照するように絶対参照にしておきます。また、セル【D7】は行を、セル【B9】は列を常に固定するように複合参照にしておきます。

※セル【D9】には、あらかじめ通貨の表示形式が設定されています。

②セル【D9】を選択し、セル右下の■(フィルハンドル)をダブルクリックします。

③セル範囲【D9:D14】を選択し、セル範囲右下の■(フィルハンドル)をセル【G14】までドラッグします。

数式がコピーされます。

※ブックに任意の名前を付けて保存し、閉じておきましょう。

総合問題

Exercise

総合問題1	203
総合問題2	206
総合問題3	208
総合問題4	211
総合問題5	213

総合問題1

完成図のような表を作成しましょう。

※解答は、FOM出版のホームページで提供しています。P.3「4　学習ファイルと解答の提供について」を参照してください。

フォルダー「総合問題1」のブック「見積書」を開いておきましょう。

● 完成図

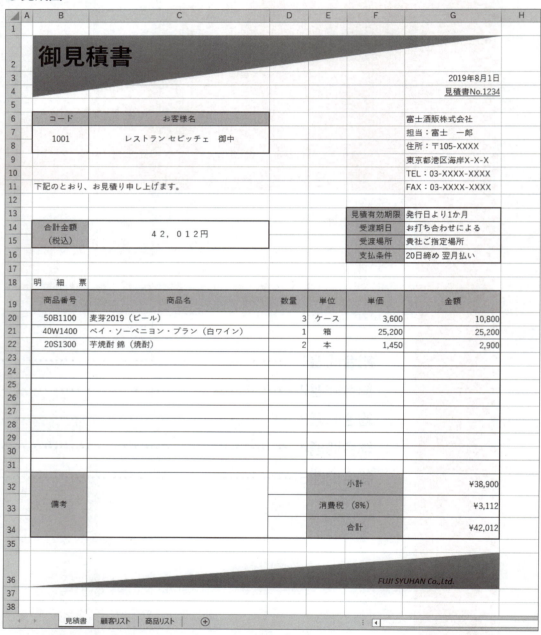

※本書では、本日の日付を「2019年8月1日」としています。

《顧客リスト》

	B	C	D	E
1	《顧客リスト》			
2	コード	顧客名	住所	担当
3	1001	レストラン セビッチェ	東京都千代田区外神田X-X-X	伊藤
4	1002	信吉酒店	東京都渋谷区神南X-X-X　旭ビル2階	渡辺
5	1003	居酒屋 ヤスベエ	東京都中央区銀座X-X-X　中央ビル15階	沖原
6	1004	リストランテ ニキータ	東京都港区青山X-X-X	西村
7	1005	日本料理 貴調	東京都中央区築地X-X-X	山田
8	1006	和食 路	東京都中央区築地X-X-X	加藤
9	1007	懐石料理 海星	東京都港区東新橋X-X-X	依田
10	1008	レストラン サンタンドレ	東京都品川区大井X-X-X	佐藤
11	1009	居酒屋 白森屋	東京都港区新橋X-X-X	鈴木
12	1010	南十字星ワインバー	東京都千代田区神田X-X-X	児玉
13	1011	中国料理 風	東京都中央区銀座X-X-X　コンチホテル3階	花輪
14	1012	レストラン ベッキオ	東京都港区海岸X-X-X	山本
15	1013	リストランテ アイチャオ	東京都渋谷区神泉町X-X-X	佐々木
16	1014	カフェド 友住	東京都目黒区中目黒X-X-X　友住ビル	久保
17				

見積書　顧客リスト　商品リスト　⊕

《商品リスト》／《商品分類表》

	B	C	D	E	F	G	H	I	J	K	L	M
1	《商品リスト》						《商品分類表》					
2	商品番号	商品名	定価	10%OFF	販売価格		分類CODE	N	S	R	W	B
3	10N1100	清酒 月桂樹	1,700	1,530	1,550		分類名	日本酒	焼酎	赤ワイン	白ワイン	ビール
4	10N1200	清酒 花吹雪	1,600	1,440	1,450		単位	本	本	箱	箱	ケース
5	10N1300	純吟 多主丸	3,000	2,700	2,700							
6	10N1400	純吟 日本深海	3,200	2,880	2,900							
7	10N1500	純米 鶴亀	2,900	2,610	2,650							
8	10N1600	純米 霞桜	2,700	2,430	2,450							
9	10N1700	大吟醸 大蔵	3,800	3,420	3,450							
10	10N1800	大吟醸 六海川	4,800	4,320	4,350							
11	20S1100	米焼酎 よいちご	1,800	1,620	1,650							
12	20S1200	麦焼酎 吉華	1,700	1,530	1,550							
13	20S1300	芋焼酎 錦	1,600	1,440	1,450							
14	20S1400	芋焼酎 増風	1,800	1,620	1,650							
15	30R1100	シャトー・ネゴロ	9,800	8,820	8,850							
16	30R1200	デカーロ・キャンティ	12,000	10,800	10,800							
17	30R1300	ボジョレー・ブランジュ	15,000	13,500	13,500							
18	30R1400	コート・デュ・ルージュ	64,000	57,600	57,600							
19	30R1500	ラフット・ロート・シル	85,000	76,500	76,500							
20	40W1100	カリフォルニア・シャルドネ	9,800	8,820	8,850							
21	40W1200	シャトー・ヴォー・ヴァン	18,000	16,200	16,200							
22	40W1300	ファーブル・シャブリ	18,000	16,200	16,200							
23	40W1400	ベイ・ソーベニヨン・ブラン	28,000	25,200	25,200							
24	40W1500	トスカーナ・ソアーベ	3,500	3,150	3,150							
25	50B1100	麦芽2019	3,950	3,555	3,600							
26	50B1200	七福	3,800	3,420	3,450							
27	50B1300	モルト銀河	4,200	3,780	3,800							
28												

見積書　顧客リスト　商品リスト　⊕

① ブック「**顧客リスト**」のシート「**顧客リスト**」とブック「**商品リスト**」のシート「**商品リスト**」を、ブック「**見積書**」にコピーしましょう。

※コピー後、ブック「顧客リスト」とブック「商品リスト」を保存せずに閉じておきましょう。

② シート「**商品リスト**」のセル範囲【F3：F27】に、「**販売価格**」を求める数式を入力しましょう。「**販売価格**」は、「**10%OFF**」の価格を50円単位になるように切り上げます。

③ 次のように名前を定義しましょう。

名前	セル範囲
商品リスト	シート「商品リスト」のセル範囲【B3：F27】
商品分類表	シート「商品リスト」のセル範囲【I2：M4】
顧客リスト	シート「顧客リスト」のセル範囲【B3：E16】

204

④ シート「**見積書**」のセル【G3】に、本日の日付を表示する数式を入力しましょう。

⑤ シート「**見積書**」のセル【C7】に、「**コード**」が入力されたら名前「**顧客リスト**」を参照して「**お客様名**」を表示する数式を入力しましょう。
「**お客様名**」は、表示例のように「**顧客名**」と「**御中**」を結合します。「**顧客名**」と「**御中**」の間には全角空白を表示します。
また、「**コード**」が未入力の場合は、何も表示されないようにします。

表示例：レストランセビッチェ　御中

⑥ シート「**見積書**」のセル範囲【C20：C31】に、「**商品番号**」が入力されたら名前「**商品リスト**」と名前「**商品分類表**」を参照して「**商品名**」を表示する数式を入力しましょう。
「**商品名**」は、表示例のように「**商品名**」と「**分類名**」を結合します。「**分類名**」は、入力された「**商品番号**」の3文字目を参照して表示します。
また、「**商品番号**」が未入力の場合は、何も表示されないようにします。

表示例：麦芽2019（ビール）

Hint! 参照用の表で番号が横方向に入力されている場合は、HLOOKUP関数を使います。

⑦ シート「**見積書**」のセル範囲【E20：E31】に、「**商品番号**」が入力されたら名前「**商品分類表**」を参照して「**単位**」を表示する数式を入力しましょう。「**単位**」は、入力された「**商品番号**」の3文字目を参照して表示します。
また、「**商品番号**」が未入力の場合は、何も表示されないようにします。

⑧ シート「**見積書**」のセル範囲【F20：F31】に、「**商品番号**」が入力されたら名前「**商品リスト**」を参照して「**販売価格**」を表示する数式を入力しましょう。
また、「**商品番号**」が未入力の場合は、何も表示されないようにします。

⑨ シート「**見積書**」のセル範囲【G20：G31】に、「**金額**」を求める数式を入力しましょう。
また、「**単価**」が未入力の場合は、何も表示されないようにします。

⑩ シート「**見積書**」のセル【G32】に、「**小計**」を求める数式を入力しましょう。

⑪ シート「**見積書**」のセル【G33】に、「**消費税**」を求める数式を入力しましょう。「**消費税**」は、小数点以下を切り捨てます。
なお、消費税率はセル【F33】を使います。

⑫ シート「**見積書**」のセル【G34】に、「**合計**」を求める数式を入力しましょう。

⑬ シート「**見積書**」のセル【C14】に、「**合計**」の金額を参照した「**合計金額（税込）**」を求める数式を入力しましょう。
なお、金額は「〇，〇〇〇円」と全角の数字で表示します。

※ブックに任意の名前を付けて保存し、閉じておきましょう。

総合問題2

解答 ▶ P.3

完成図のような表を作成しましょう。

フォルダー「総合問題2」のブック「セミナー実施集計」のシート「2019年3月度」を開いておきましょう。

※アクティブシートを切り替えて、各シートの内容を確認しておきましょう。

● 完成図

	A	B	C	D	E	F	G	H
1	開催日	会場	セミナー名	セミナー区分	受講料	定員	受講者数	売上高
2	2019/3/1	新宿	Excel2019基礎	表計算	20,000	20	15	300,000
3	2019/3/1	千葉	Excel2019基礎	表計算	20,000	15	10	200,000
4	2019/3/2	秋葉原	初心者のためのパソコン入門	入門	18,000	20	18	324,000
5	2019/3/2	渋谷	Excel2019基礎	表計算	20,000	15	12	240,000
6	2019/3/2	新宿	Excel2019応用	表計算	25,000	20	15	375,000
7	2019/3/3	秋葉原	Excel2019応用	表計算	25,000	20	15	375,000
8	2019/3/3	渋谷	Excel2019応用	表計算	25,000	15	12	300,000
9	2019/3/3	新宿	Word2019基礎	ワープロ	20,000	20	15	300,000
10	2019/3/4	秋葉原	Excel2019基礎	表計算	20,000	20	20	400,000
11	2019/3/4	新宿	Word2019応用	ワープロ	25,000	20	12	300,000
12	2019/3/4	千葉	Word2019基礎	ワープロ	20,000	15	12	240,000
13	2019/3/5	秋葉原	PowerPoint2019応用	プレゼンテーション	25,000	20	18	450,000
14	2019/3/5	渋谷	初心者のためのパソコン入門	入門	18,000	15	12	216,000
15	2019/3/5	新宿	Access2019基礎	データベース	25,000	20	18	450,000
16	2019/3/5	千葉	Excel2019基礎	表計算	20,000	15	15	300,000
17	2019/3/8	秋葉原	Access2019応用	データベース	30,000	20	12	360,000
18	2019/3/8	渋谷	PowerPoint2019応用	プレゼンテーション	25,000	20	15	375,000
19	2019/3/8	新宿	Excel2019基礎	表計算	20,000	20	18	360,000
20	2019/3/8	新宿	Access2019応用	データベース	30,000	20	18	540,000
21	2019/3/8	千葉	Access2019基礎	データベース	25,000	15	15	375,000
22	2019/3/8	千葉	Word2019応用	ワープロ	25,000	15	15	375,000
23	2019/3/9	秋葉原	初心者のためのパソコン入門	入門	18,000	20	15	270,000
53	2019/3/22	新宿	Access2019応用	データベース	30,000	20	15	450,000
54	2019/3/23	秋葉原	PowerPoint2019基礎	プレゼンテーション	20,000	20	15	300,000
55	2019/3/23	渋谷	Excel2019基礎	表計算	20,000	15	15	300,000
56	2019/3/23	新宿	PowerPoint2019基礎	プレゼンテーション	20,000	20	15	300,000
57	2019/3/24	渋谷	Excel2019応用	表計算	25,000	15	10	250,000
58	2019/3/24	新宿	初心者のためのパソコン入門	入門	18,000	20	15	270,000
59	2019/3/24	千葉	Excel2019＆Word2019入門	入門	20,000	15	15	300,000
60	2019/3/25	秋葉原	Excel2019基礎	表計算	20,000	20	18	360,000
61	2019/3/28	秋葉原	Word2019応用	ワープロ	25,000	20	20	500,000
62	2019/3/29	渋谷	Excel2019＆Word2019入門	入門	20,000	15	15	300,000
63	2019/3/29	新宿	Word2019応用	ワープロ	25,000	20	15	375,000
64	2019/3/30	秋葉原	PowerPoint2019基礎	プレゼンテーション	20,000	20	18	360,000
65	2019/3/31	渋谷	Excel2019基礎	表計算	20,000	15	12	240,000

2019年3月度 ／ セミナー別 ／ 会場別セミナー区分別

	A	B	C	D	E	F	G	H
1		セミナー別実施状況						
3		セミナー名	定員	受講者数	受講率	順位	開催回数	平均受講者数
4		初心者のためのパソコン入門	110	90	82%	6	6	15.0
5		Excel2019＆Word2019入門	85	78	92%	3	5	15.6
6		経理のためのExcel入門	40	27	68%	11	2	13.5
7		Excel2019基礎	265	241	91%	4	15	16.1
8		Excel2019応用	110	79	72%	10	6	13.2
9		Word2019基礎	100	72	72%	8	6	12.0
10		Word2019応用	90	70	78%	7	5	14.0
11		PowerPoint2019基礎	95	78	82%	5	5	15.6
12		PowerPoint2019応用	55	53	96%	1	3	17.7
13		Access2019基礎	110	102	93%	2	6	17.0
14		Access2019応用	100	72	72%	8	5	14.4

2019年3月度 ／ セミナー別 ／ 会場別セミナー区分別

	A	B	C	D	E	F	G	H	I
1		会場別セミナー区分別売上集計							
2									
3			入門	表計算	ワープロ	データベース	プレゼンテーション	合計	
4		秋葉原	594,000	2,630,000	500,000	2,070,000	1,110,000	6,904,000	
5		渋谷	1,032,000	1,630,000	600,000	375,000	375,000	4,012,000	
6		新宿	1,254,000	2,545,000	1,275,000	1,890,000	1,100,000	8,064,000	
7		千葉	300,000	800,000	815,000	375,000	300,000	2,590,000	
8		合計	3,180,000	7,605,000	3,190,000	4,710,000	2,885,000	21,570,000	
9									

〈 ‹ › 〉 | 2019年3月度 | セミナー別 | **会場別セミナー区分別** | ⊕ | ◁

① データがタブで区切られたテキストファイル「**3月度実施状況**」を、シート「**2019年3月度**」のセル【**A1**】から外部データとして取り込みましょう。

　2019　次に、受講料に3桁区切りカンマを設定しましょう。

　2016/2013　次に、取り込んだデータをテーブルに変換しましょう。

② シート「**2019年3月度**」のH列に、「**売上高**」を求める数式を入力しましょう。セル【**H1**】に項目名「**売上高**」と入力し、数値には3桁区切りカンマを設定します。

Hint! 売上高は「受講料×受講者数」で求めます。

③ シート「**2019年3月度**」の各列の1行目の項目名を使って、列ごとに名前を定義しましょう。

④ シート「**セミナー別**」のC列とD列に、シート「**2019年3月度**」をもとにセミナー別の「**定員**」と「**受講者数**」の総数を求める数式を入力しましょう。引数には名前を使います。

⑤ シート「**セミナー別**」のE列に、セミナー別の「**受講率**」を求める数式を入力しましょう。

Hint! 受講率は「受講者数÷定員」で求めます。

⑥ シート「**セミナー別**」のF列に、受講率の高い順に「**順位**」を表示する数式を入力しましょう。

⑦ シート「**セミナー別**」のG列に、シート「**2019年3月度**」をもとにセミナー別の開催回数を求める数式を入力しましょう。引数には名前を使います。

⑧ シート「**セミナー別**」のH列に、シート「**2019年3月度**」をもとにセミナー別の受講者数の平均を求める数式を入力しましょう。引数には名前を使います。

⑨ シート「**会場別セミナー区分別**」のセル範囲【**C4：G7**】に、シート「**2019年3月度**」をもとに会場とセミナー区分別の売上高を求める数式を入力しましょう。引数には名前を使います。

⑩ ブック「**セミナー実施集計**」に読み取りパスワード「**201903**」を設定し、「**セミナー実施集計（2019年3月）**」と名前を付けて保存しましょう。

※ブックを閉じておきましょう。

総合問題3

解答 ▶ P.5

完成図のような表を作成しましょう。

フォルダー「総合問題3」のブック「月間予定表」を開いておきましょう。

● 完成図

	A	B	C	D	E	F	G	H
1		アルバイト勤務予定表							
2								
3		年度	月度	氏名	フリガナ	開始日	締め日	
4		2019	6	富山 葵	トミヤマ アオイ	6月1日	6月30日	
5								
6		日付	曜日	シフト	開始時間	終了時間	勤務時間	
7		1日	(土)	早番	9:00	13:00	4:00	
8		2日	(日)					
9		3日	(月)					
10		4日	(火)					
11		5日	(水)					
12		6日	(木)					
13		7日	(金)	遅番	18:00	22:00	4:00	
14		8日	(土)	早番	9:00	13:00	4:00	
15		9日	(日)	早番	9:00	13:00	4:00	
16		10日	(月)					
17		11日	(火)					
18		12日	(水)					
19		13日	(木)					
20		14日	(金)					
21		15日	(土)	中番	13:00	18:00	5:00	
22		16日	(日)	早番	9:00	13:00	4:00	
23		17日	(月)					
24		18日	(火)					
25		19日	(水)					
26		20日	(木)					
27		21日	(金)					
28		22日	(土)	早番	9:00	13:00	4:00	
29		23日	(日)	早番	9:00	13:00	4:00	
30		24日	(月)					
31		25日	(火)					
32		26日	(水)					
33		27日	(木)					
34		28日	(金)					
35		29日	(土)					
36		30日	(日)					
37					-	-		
38								
39		日数	30日	勤務予定時間計	33:00			
40		休み	22日	時給	1,300円			
41		出勤日数	8日	支払い予定金額	42,900円			

■連絡事項■
＊1.予定なので、変更になる場合があります。
＊2.都合が悪い場合は、至急お知らせください。

① セル【F4】に、セル【B4】とセル【C4】をもとに「開始日」を表示する数式を入力しましょう。「開始日」は各月の1日とします。
また、セル【B4】またはセル【C4】が未入力の場合は、何も表示されないようにします。

② セル【G4】に、セル【B4】とセル【C4】をもとに「締め日」を表示する数式を入力しましょう。「締め日」は各月の最終日とします。
また、セル【B4】またはセル【C4】が未入力の場合は、何も表示されないようにします。

③ セル範囲【B7：B37】に、「開始日」と「締め日」をもとに「日付」を求める数式を入力しましょう。
また、締め日を過ぎた日付は表示されないようにします。

④ セル範囲【C7：C37】に、「日付」を参照して「曜日」を表示する数式を入力しましょう。

Hint! セル範囲【C7：C37】には、あらかじめ「（aaa）」の表示形式が設定されています。

⑤ セル範囲【E7：F37】に、次のように「開始時間」と「終了時間」を表示する数式を入力しましょう。

●開始時間

日付が空白の場合は「-」を表示
シフトが空白ではない場合は、次のように処理をする
　　　　早番の場合は「9：00」を表示
　　　　中番の場合は「13：00」を表示
　　　　遅番の場合は「18：00」を表示
　　　　ほかの文字列の場合は何も表示しない
上記のどの条件にも当てはまらない場合は何も表示しない

●終了時間

日付が空白の場合は「-」を表示
シフトが空白ではない場合は、次のように処理をする
　　　　早番の場合は「13：00」を表示
　　　　中番の場合は「18：00」を表示
　　　　遅番の場合は「22：00」を表示
　　　　ほかの文字列の場合は何も表示しない
上記のどの条件にも当てはまらない場合は何も表示しない

Hint! **2019** 複数の検索値に対応して値を表示するには、SWITCH関数を使います。
空白ではないという条件は演算子「＜＞」を使います。

⑥ セル範囲【G7：G37】に、「勤務時間」を求める数式を入力しましょう。
また、数式がエラーの場合は何も表示されないようにします。

⑦ セル【C39】に、「開始日」と「締め日」をもとに1か月の「日数」を求める数式を入力しましょう。

また、セル【B4】またはセル【C4】が未入力の場合は、「0」を表示するようにします。

Hint! 1か月の日数は「締め日−開始日+1」で求めます。

⑧ セル【C40】に、「開始時間」をもとに「休み」の日数を求める数式を入力しましょう。

また、セル【B4】またはセル【C4】が未入力の場合は、「0」を表示するようにします。

Hint! 空白のセルの個数を求めるには、COUNTBLANK関数を使います。

⑨ セル【C41】に、「出勤日数」を求める数式を入力しましょう。

また、セル【B4】またはセル【C4】が未入力の場合は、「0」を表示するようにします。

⑩ セル【E41】に、「支払い予定金額」を求める数式を入力しましょう。小数が発生する場合は、小数第1位を切り上げます。

なお、時給はセル【E40】を使います。

Hint! 指定した桁数で数値を切り上げるには、ROUNDUP関数を使います。

⑪ 入力箇所のセル（セル範囲【B4：D4】、セル範囲【D7：D37】、セル【E40】）のデータをクリアし、セルのロックを解除しましょう。

次に、シートを保護しましょう。

※ブックに任意の名前を付けて保存し、閉じておきましょう。

総合問題4

解答 ▶ P.7

完成図のような表を作成しましょう。

フォルダー「総合問題4」のブック「集計」のシート「売上」を開いておきましょう。

※アクティブシートを切り替えて、各シートの内容を確認しておきましょう。

●完成図

	A	B	C	D	E	F
1		新商品イベント期間売上データ				
2						
3		売上日	売上コード	店舗コード	商品コード	売上金額
4		2019/7/22	110-1010	110	1010	42,250
5		2019/7/22	110-1020	110	1020	14,850
6		2019/7/22	110-2010	110	2010	26,950
7		2019/7/22	110-2020	110	2020	26,950
8		2019/7/22	120-1010	120	1010	16,300
9		2019/7/22	120-1020	120	1020	18,400
10		2019/7/22	120-2010	120	2010	23,400
11		2019/7/22	120-2020	120	2020	19,850
12		2019/7/22	130-1010	130	1010	12,750
13		2019/7/22	130-1020	130	1020	14,850
14		2019/7/22	130-2010	130	2010	26,950
15		2019/7/22	130-2020	130	2020	37,600
16		2019/7/22	140-1010	140	1010	16,300
17		2019/7/22	140-1020	140	1020	21,950
18		2019/7/22	140-2010	140	2010	19,850
19		2019/7/22	140-2020	140	2020	9,200
20		2019/7/22	150-1010	150	1010	19,850
21		2019/7/22	150-1020	150	1020	18,400

シート：売上／店舗別商品別／店舗別週間／店舗／新商品

	A	B	C	D	E	F	G	H
1		店舗別商品別						
2								
3			商品コード	1010	1020	2010	2020	
4		店舗コード		さっぱりドライ	激うまドライ	スーパー発泡	ライト発泡	総計
5		110	池袋店	1,166,100	718,950	333,240	409,470	2,627,760
6		120	品川店	670,100	585,500	492,820	325,770	2,074,190
7		130	新宿店	1,235,300	945,500	477,250	495,720	3,153,770
8		140	豊洲店	686,900	450,600	383,750	250,620	1,771,870
9		150	六本木店	629,850	398,800	360,780	262,560	1,651,990
10			総計	4,388,250	3,099,350	2,047,840	1,744,140	11,279,580

シート：売上／店舗別商品別／店舗別週間／店舗／新商品

	A	B	C	D	E	F	G	H
1		店舗別週間売上						
2								
3		店舗コード	店舗名	第1週目	第2週目	第3週目	第4週目	総計
4		110	池袋店	593,650	543,670	845,380	645,060	2,627,760
5		120	品川店	647,470	467,400	475,020	484,300	2,074,190
6		130	新宿店	740,660	879,740	860,540	672,830	3,153,770
7		140	豊洲店	469,890	431,300	448,410	410,390	1,759,990
8		150	六本木店	552,700	330,660	372,290	353,470	1,609,120
9			総計	3,004,370	2,652,770	3,001,640	2,566,050	11,224,830
10								
11				>=2019/7/22	>=2019/7/29	>=2019/8/5	>=2019/8/12	
12				<=2019/7/28	<=2019/8/4	<=2019/8/11	<=2019/8/18	

シート：売上／店舗別商品別／店舗別週間／店舗／新商品

211

① データがタブで区切られたテキストファイル「**売上データ**」を、シート「**売上**」のセル 【**B3**】から外部データとして取り込みましょう。

> **2019** 次に、売上金額に3桁区切りカンマを設定しましょう。

> **2016/2013** 次に、取り込んだデータをテーブルに変換しましょう。

② シート「**売上**」のE〜F列に項目名「**店舗コード**」「**商品コード**」を追加しましょう。
※列幅を調整しておきましょう。

③ シート「**売上**」のE列に、「**売上コード**」の先頭から3文字を取り出して「**店舗コード**」を求める数式を入力しましょう。

④ シート「**売上**」のF列に、「**売上コード**」の末尾から4文字を取り出して「**商品コード**」を求める数式を入力しましょう。

⑤ シート「**売上**」のE〜F列をC列とD列の間に移動しましょう。

Hint! [Shift]を押しながらドラッグします。

⑥ 次のように名前を定義しましょう。

名前	セル範囲
売上日	シート「売上」のセル範囲【B4：B527】
売上コード	シート「売上」のセル範囲【C4：C527】
店舗コード	シート「売上」のセル範囲【D4：D527】
商品コード	シート「売上」のセル範囲【E4：E527】
売上金額	シート「売上」のセル範囲【F4：F527】
店舗リスト	シート「店舗」のセル範囲【B4：C8】
新商品リスト	シート「新商品」のセル範囲【B4：C7】

⑦ シート「**店舗別商品別**」のセル範囲【**C5：C9**】に、「**店舗コード**」をもとに名前「**店舗リスト**」を参照して「**店舗名**」を表示する数式を入力しましょう。

⑧ シート「**店舗別商品別**」のセル範囲【**D4：G4**】に、「**商品コード**」をもとに名前「**新商品リスト**」を参照して「**商品名**」を表示する数式を入力しましょう。

⑨ シート「**店舗別商品別**」のセル範囲【**D5：G9**】に、名前「**店舗コード**」「**商品コード**」「**売上金額**」をもとに店舗コードと商品コード別の売上金額を求める数式を入力しましょう。

⑩ シート「**店舗別週別**」のセル範囲【**C4：C8**】に、シート「**店舗別商品別**」のセル範囲【**C5：C9**】の数式をコピーしましょう。

Hint! 《ホーム》タブ→《クリップボード》グループの ▢ (貼り付け)の ▢ → ▢ (数式)を使います。

⑪ シート「**店舗別週別**」のセル範囲【**D4：D8**】に、名前「**店舗コード**」「**売上日**」「**売上金額**」と11〜12行目の条件をもとに店舗コード別の第1週目の売上金額を求める数式を入力しましょう。また、数式をコピーして店舗コード別の第2週目から第4週目までの売上金額を求めましょう。

※ブックに任意の名前を付けて保存し、閉じておきましょう。

212

総合問題5

 解答 ▶ P.8

完成図のような表を作成しましょう。

 フォルダー「総合問題5」のブック「会員名簿」のシート「会員名簿」を開いておきましょう。

※アクティブシートを切り替えて、各シートの内容を確認しておきましょう。

● 完成図

DM用名簿

	氏名	フリガナ	郵便番号	住所1	住所2	電話番号
4	中村 正昭	ナカムラ マサアキ	538-0053	大阪府大阪市鶴見区鶴見X-X-X	ハイツ鶴見503	06-6991-XXXX
5	藤井 慶介	フジイ ケイスケ	572-0086	大阪府寝屋川市松屋町X-X-X	グランドムール寝屋川201	090-4901-XXXX
6	松永 慎也	マツナガ シンヤ	550-0015	大阪府大阪市南堀江X-X-X	コーポ南堀江901	090-3703-XXXX
7	安藤 幸子	アンドウ ユキコ	605-0878	京都府京都市東山区芳野町X-X-X		075-541-XXXX
8	村上 良子	ムラカミ ヨシコ	577-0811	大阪府東大阪市西上小阪X-X-X		06-6722-XXXX
9	遠藤 秀幸	エンドウ ヒデユキ	544-0032	大阪府大阪市生野区中川西X-X-X		06-6741-XXXX
10	平岡 明	ヒラオカ アキラ	530-0012	大阪府大阪市北区芝田X-X-X		06-4802-XXXX
11	塚本 裕之	ツカモト ヒロユキ	649-6222	和歌山県岩出市岡田X-X-X		0736-61-XXXX
12	村田 まり子	ムラタ マリコ	569-1029	大阪府高槻市安岡寺町X-X-X	ネバーランド高槻407	072-688-XXXX
13	吉岡 智子	ヨシオカ サトコ	569-1029	大阪府高槻市安岡寺町X-X-X	ネバーランド高槻202	072-687-XXXX
14	布施 秋絵	フセ アキエ	571-0043	大阪府門真市桑才新町X-X-X		06-6908-XXXX
15	後藤 正	ゴトウ タダシ	547-0044	大阪府大阪市平野区平野本町X-X-X	アイランドTK503	06-6791-XXXX
16	長谷川 雅子	ハセガワ マサコ	606-0813	京都府京都市左京区下賀茂貴船町X-X-X		075-771-XXXX
17	新田 真実	ニッタ マミ	604-8225	京都府京都市中京区蟷螂山町X-X-X		075-204-XXXX
18	本田 道子	ホンダ ミチコ	590-0952	大阪府堺市堺区市之町東X-X-X		072-221-XXXX
19	村上 静香	ムラカミ シズカ	577-0811	大阪府東大阪市西上小阪X-X-X		06-6722-XXXX
20	松岡 裕也	マツオカ ヒロヤ	545-0011	大阪府大阪市阿倍野区昭和町X-X-X	サンリッチあべの1002	06-6621-XXXX
21	住友 由紀子	スミトモ ユキコ	525-0032	滋賀県草津市大路X-X-X	コーポラスさと203	077-565-XXXX

会員名簿　DM用　会員分析　⊕

会員分析

2019/8/1現在

会員数			60名
性別		男	28名
		女	32名
会員種別		平日会員	22名
		ホリデー会員	12名
		アフタヌーン会員	18名
		ファミリー会員	8名
年代別		10歳代	0名
		20歳代	9名
		30歳代	21名
		40歳代	18名
		50歳代	7名
		60歳以上	5名

会員名簿　DM用　会員分析　⊕

※本書では、本日の日付を「2019年8月1日」としています。

① シート「**会員名簿**」のJ列に、「**年齢**」を求める数式を入力しましょう。

Hint! 「年齢」は、「生年月日」から本日までの満年齢を求めます。

② シート「**会員名簿**」のL列に、「**在籍期間**」を「**〇年〇か月**」の形式で表示する数式を入力しましょう。在籍期間が1年未満の場合は、年数は表示せずに「**〇か月**」とだけ表示します。

Hint! 「在籍期間」は、「入会年月日」から本日までの期間を求めます。

③ シート「**会員名簿**」の「**会員番号**」が重複しているセルに、任意の書式を設定して重複データを確認しましょう。
次に、重複データを削除しましょう。

④ シート「**DM用**」のB列に、シート「**会員名簿**」の「**姓**」と「**名**」の文字列を結合する数式を入力しましょう。「**姓**」と「**名**」の間には半角空白を表示します。

⑤ シート「**DM用**」のC列に、シート「**会員名簿**」の「**姓**」と「**名**」の文字列のふりがなを結合する数式を入力しましょう。ふりがなは半角カタカナに変換し、「**姓**」と「**名**」の間には半角空白を表示します。

Hint! ふりがなを表示するには、PHONETIC関数を使います。

⑥ シート「**DM用**」のD列に、シート「**会員名簿**」の「**郵便番号**」の3文字目と4文字目の間に「**-(ハイフン)**」を挿入した郵便番号を表示する数式を入力しましょう。

⑦ シート「**DM用**」のE列に、シート「**会員名簿**」の「**住所**」の都道府県から番地までを取り出す数式を入力しましょう。
また、マンション名が入力されていない場合は「**住所**」のデータをそのまま表示し、エラーが表示されないようにします。

Hint! 「住所」を番地までとマンション名に分割するには、間にある全角空白を利用します。空白が文字列の何番目にあるかを求めるには、FIND関数を使います。

⑧ シート「**DM用**」のF列に、シート「**会員名簿**」の「**住所**」のマンション名を表示する数式を入力しましょう。
また、マンション名が入力されていない場合は空白を表示し、エラーが表示されないようにします。

⑨ シート「**DM用**」のG列に、シート「**会員名簿**」の「**電話番号**」を半角文字列に変換し、「**（**」と「**）**」を「**-(ハイフン)**」に置き換える数式を入力しましょう。

⑩ シート「**会員分析**」のセル【D3】に、会員数を求める数式を入力しましょう。引数にはあらかじめ定義されている名前「**会員番号**」を使います。

⑪ シート「**会員分析**」のセル範囲【D5：D6】に、男女別の会員数を求める数式を入力しましょう。引数にはあらかじめ定義されている名前「**性別**」を使います。

⑫ シート「**会員分析**」のセル範囲【D8：D11】に、各会員種別の会員数を求める数式を入力しましょう。引数にはあらかじめ定義されている名前「**会員種別**」を使います。

⑬ シート「**会員分析**」のセル範囲【D13：D18】に、年代別の会員数を求める数式を入力しましょう。引数にはあらかじめ定義されている名前「**年齢**」を使います。

⑭ シート「**会員分析**」のセル【D1】の日付の後ろに「**現在**」と表示されるように表示形式を設定しましょう。

※ブックに任意の名前を付けて保存し、閉じておきましょう。

付 録

関数一覧

関数一覧 ·· 217

関数一覧

※代表的な関数を記載しています。
※[ ]は省略可能な引数を表します。

●日付/時刻の関数

関数名	書式	説明
TODAY	=TODAY()	現在の日付を表すシリアル値を返す。
DATE	=DATE(年,月,日)	指定した日付を表すシリアル値を返す。
DATEVALUE	=DATEVALUE(日付文字列)	日付を表す文字列のシリアル値を返す。 例=DATEVALUE("2019/8/1") 　2019年8月1日のシリアル値を返す。
DATEDIF	=DATEDIF(古い日付,新しい日付,単位)	指定した日付から指定した日付までの期間を指定した単位で返す。
NOW	=NOW()	現在の日付と時刻を表すシリアル値を返す。
TIME	=TIME(時,分,秒)	指定した時刻を表すシリアル値を返す。
TIMEVALUE	=TIMEVALUE(時刻文字列)	時刻を表す文字列のシリアル値を返す。 例=TIMEVALUE("8:30") 　8時30分のシリアル値を返す。
WEEKDAY	=WEEKDAY(シリアル値,[種類])	シリアル値に対応する曜日を返す。 種類には返す値の種類を指定する。 種類の例 　1または省略：1(日曜)〜7(土曜) 　2　　　　　：1(月曜)〜7(日曜) 　3　　　　　：0(月曜)〜6(日曜) 例=WEEKDAY(A3) 　セル【A3】の日付の曜日を1(日曜)〜7(土曜)の値で返す。 　=WEEKDAY(TODAY(),2) 　今日の日付を1(月曜)〜7(日曜)の値で返す。
WEEKNUM	=WEEKNUM(シリアル値,[週の基準])	シリアル値がその年の第何週目に当たるかを返す。 週の基準の指定方法 　1または省略：週の始まりを日曜日にする。 　2　　　　　：週の始まりを月曜日にする。
YEAR	=YEAR(シリアル値)	シリアル値に対応する年(1900〜9999)を返す。
MONTH	=MONTH(シリアル値)	シリアル値に対応する月(1〜12)を返す。
DAY	=DAY(シリアル値)	シリアル値に対応する日(1〜31)を返す。
HOUR	=HOUR(シリアル値)	シリアル値に対応する時刻(0〜23)を返す。
MINUTE	=MINUTE(シリアル値)	シリアル値に対応する時刻の分(0〜59)を返す。
SECOND	=SECOND(シリアル値)	シリアル値に対応する時刻の秒(0〜59)を返す。
NETWORKDAYS	=NETWORKDAYS(開始日,終了日,[祭日])	開始日と終了日を指定し、その期間内の稼動日数(土日や祭日を除いた日数)を返す。
DAYS	=DAYS(終了日,開始日)	2つの日付の間の日数を返す。

POINT　シリアル値

「シリアル値」とは、Excelで日付や時刻の計算に使用される値のことです。1900年1月1日をシリアル値の「1」として1日ごとに「1」が加算されます。
例えば、「2019年8月1日」は「1900年1月1日」から43678日目なので、シリアル値は「43678」になります。表示形式を標準にすると、シリアル値を確認できます。

●数学/三角関数

関数名	書式	説明
CEILING.MATH	=CEILING.MATH(数値, [基準値],[モード])	数値を指定された基準値の倍数になるように切り上げる。 指定した数値が負の数値の場合、モードを省略または「0」を指定すると0に近い数値に切り上げ、0以外の数値を指定すると0から離れた数値に切り上げる。 例=CEILING.MATH(43,5) 　「43」を「5」の倍数で切り上げた数値を返す。(結果は「45」になる)
FLOOR.MATH	=FLOOR.MATH(数値, [基準値],[モード])	数値を指定された基準値の倍数になるように切り捨てる。 指定した数値が負の数値の場合、モードを省略または「0」を指定すると0から離れた数値に切り捨て、0以外の数値を指定すると0に近い数値に切り捨てる。 例=FLOOR.MATH(43,5) 　「43」を「5」の倍数で切り捨てた数値を返す。(結果は「40」になる)
PRODUCT	=PRODUCT(数値1, [数値2],…)	引数の積を返す。 例=PRODUCT(3,5,7) 　「3」と「5」と「7」を掛けた数値を返す。(結果は「105」になる)
MOD	=MOD(数値,除数)	数値(割り算の分子となる数)を除数(割り算の分母となる数)で割った余りを返す。 例=MOD(5,2) 　「5」を「2」で割った余りを返す。(結果は「1」になる)
RAND	=RAND()	0から1の間の乱数(それぞれが同じ確率で現れるランダムな数)を返す。
ROMAN	=ROMAN(数値,[書式])	数値をローマ数字を表す文字列に変換する。書式に0を指定または省略すると正式な形式、1～4を指定すると簡略化した形式になる。 例=ROMAN(6) 　「6」をローマ数字「VI」に変換する。
ROUND	=ROUND(数値,桁数)	数値を四捨五入して指定された桁数にする。
ROUNDDOWN	=ROUNDDOWN(数値,桁数)	数値を指定された桁数で切り捨てる。
ROUNDUP	=ROUNDUP(数値,桁数)	数値を指定された桁数に切り上げる。
INT	=INT(数値)	数値の小数点以下を切り捨てて整数にする。
QUOTIENT	=QUOTIENT(分子,分母)	分子を分母で割った商の整数部分を返す。 例=QUOTIENT(5,2) 　「5」を「2」で割った商の整数を返す。(結果は「2」になる)
SUBTOTAL	=SUBTOTAL(集計方法, 参照1,…)	指定した参照範囲の集計値を返す。集計方法は1～11または101～111の番号で指定し、番号により使用される関数が異なる。 集計方法の例 　1:AVERAGE 　4:MAX 　9:SUM 例=SUBTOTAL(9,A5:A20) 　SUM関数を使用して、セル範囲【A5:A20】の集計を行う。セル範囲【A5:A20】にほかの集計(SUBTOTAL関数)が含まれる場合は、重複を防ぐために、無視される。

218

関数名	書式	説明
AGGREGATE	=AGGREGATE(集計方法,オプション,参照1,…)	指定した参照範囲の集計値を返す。集計方法は1～19の番号で指定し、番号により使用される関数が異なる。また、オプションとして非表示の行やエラー値など無視する値を0～7の番号で指定する。 集計方法の例 　1:AVERAGE 　4:MAX 　9:SUM オプションの例 　5:非表示の行を無視する。 　6:エラー値を無視する。 　7:非表示の行とエラー値を無視する。 例=AGGREGATE(9,6,C5:C25) 　SUM関数を使用して、セル範囲【C5:C25】の集計を行う。セル範囲【C5:C25】にあるエラー値は無視される。
SUM	=SUM(数値1,[数値2],…)	引数の合計値を返す。
SUMIF	=SUMIF(範囲,検索条件,[合計範囲])	範囲内で検索条件に一致するセルの値を合計する。合計範囲を指定すると、範囲の検索条件を満たすセルに対応する合計範囲のセルが計算対象になる。 例=SUMIF(A3:A10,"りんご",B3:B10) 　セル範囲【A3:A10】で「りんご」のセルを検索し、セル範囲【B3:B10】で対応するセルの値を合計する。 　条件に合うのがセル【A3】とセル【A5】なら、セル【B3】とセル【B5】を合計する。
SUMIFS	=SUMIFS(合計対象範囲,条件範囲1,条件1,…)	範囲内で複数の検索条件に一致するセルの値を合計する。 例=SUMIFS(C3:C10,A3:A10,"りんご",B3:B10,"青森") 　セル範囲【A3:A10】から「りんご」、セル範囲【B3:B10】から「青森」のセルを検索し、両方に対応するセル範囲【C3:C10】の値を合計する。

●統計関数

関数名	書式	説明
AVEDEV	=AVEDEV(数値1,[数値2],…)	データ全体の平均値に対する各データの絶対偏差の平均を返す。
AVERAGE	=AVERAGE(数値1,[数値2],…)	引数の平均値を返す。
AVERAGEIF	=AVERAGEIF(範囲,条件,[平均対象範囲])	範囲内で条件に一致するセルの値を平均する。平均対象範囲を指定すると、範囲の条件を満たすセルに対応する平均対象範囲のセルが計算対象になる。 例=AVERAGEIF(A3:A10,"りんご",B3:B10) 　セル範囲【A3:A10】で「りんご」を検索し、セル範囲【B3:B10】で対応するセル範囲の値を平均する。 　条件に合うのがセル【A3】とセル【A5】なら、セル【B3】とセル【B5】を平均する。
AVERAGEIFS	=AVERAGEIFS(平均対象範囲,条件範囲1,条件1,…)	範囲内で複数の条件に一致するセルの値を平均する。 例=AVERAGEIFS(C3:C10,A3:A10,"りんご",B3:B10,"青森") 　セル範囲【A3:A10】から「りんご」、セル範囲【B3:B10】から「青森」のセルを検索し、両方に対応するセル範囲【C3:C10】の値を平均する。
COUNT	=COUNT(値1,[値2],…)	引数に含まれる数値の個数を返す。
COUNTA	=COUNTA(値1,[値2],…)	引数に含まれる空白でないセルの個数を返す。
COUNTBLANK	=COUNTBLANK(範囲)	範囲に含まれる空白セルの個数を返す。
COUNTIF	=COUNTIF(範囲,検索条件)	範囲内で検索条件に一致するセルの個数を返す。 例=COUNTIF(A5:A20,"東京") 　セル範囲【A5:A20】で「東京」と入力されているセルの個数を返す。 　=COUNTIF(A5:A20,"<20") 　セル範囲【A5:A20】で20より小さい値が入力されているセルの個数を返す。

関数名	書式	説明
COUNTIFS	=COUNTIFS（検索条件範囲1, 検索条件1,・・・）	範囲内で複数の検索条件に一致するセルの個数を返す。 例=COUNTIFS（A3:A10,"東京",B3:B10,"日帰り"） 　セル範囲【A3:A10】から「東京」、セル範囲【B3:B10】から「日帰り」を検 　索し、「東京」かつ「日帰り」のセルの個数を返す。
FREQUENCY	=FREQUENCY（データ配列, 区間配列）	データの頻度分布を縦方向の配列として返す。 FREQUENCY関数を入力する場合、あらかじめ頻度分布を表示するセル範囲 を選択してから関数を入力し、[Ctrl]+[Shift]を押しながら[Enter]を押す。 FREQUENCY関数は配列数式のため、数式全体が「{ }」で囲まれる。
LARGE	=LARGE（配列,順位）	範囲内で、指定した順位にあたる値を返す。順位は大きい順（降順）で数えら れる。 例=LARGE（A1:A10,2） 　セル範囲【A1:A10】で2番目に大きい値を返す。
SMALL	=SMALL（配列,順位）	範囲内で、指定した順位にあたる値を返す。順位は小さい順（昇順）で数えら れる。 例=SMALL（A1:A10,3） 　セル範囲【A1:A10】で3番目に小さい値を返す。
STDEV.S	=STDEV.S（数値1, [数値2],・・・）	引数を標本とみなして母集団の標準偏差を返す。
STDEV.P	=STDEV.P（数値1, [数値2],・・・）	引数を母集団全体とみなして母集団の標準偏差を返す。
MAX	=MAX（数値1,[数値2],・・・）	引数の最大値を返す。
MAXIFS	=MAXIFS（最大範囲, 条件範囲1,条件1,[条件範囲2, 条件2],・・・）	複数の条件に一致するセルの最大値を返す。
MEDIAN	=MEDIAN（数値1, [数値2],・・・）	引数の中央値を返す。
MIN	=MIN（数値1,[数値2],・・・）	引数の最小値を返す。
MINIFS	=MINIFS（最小範囲, 条件範囲1,条件1,[条件範囲2, 条件2],・・・）	複数の条件に一致するセルの最小値を返す。
RANK.EQ	=RANK.EQ（数値,参照, [順序]）	参照範囲内で指定した数値の順位を返す。順序には、降順であれば0または 省略、昇順であれば0以外の数値を指定する。同じ順位の数値が複数ある場 合、最上位の順位を返す。 例=RANK.EQ（A2,A1:A10） 　セル範囲【A1:A10】の中でセル【A2】の値が何番目に大きいかを返す。 　範囲内にセル【A2】と同じ数値がある場合、最上位の順位を返す。
RANK.AVG	=RANK.AVG（数値,参照, [順序]）	参照範囲内で指定した数値の順位を返す。順序には、降順であれば0または 省略、昇順であれば0以外の数値を指定する。同じ順位の数値が複数ある場 合、順位の平均値を返す。 例=RANK.AVG（A2,A1:A10） 　セル範囲【A1:A10】の中でセル【A2】の値が何番目に大きいかを返す。 　範囲内にセル【A2】と同じ数値がある場合、順位の平均値を返す。 　（セル【A2】とセル【A7】が同じ数値で、並べ替えたときに順位が「2」「3」 　となる場合、順位の「2」と「3」を平均して、「2.5」を返す。）

●財務関数

関数名	書式	説明
FV	=FV（利率,期間,定期支払額, [現在価値],[支払期日]）	貯金した場合の満期後の受取金額を返す。利率と期間は、時間的な単位を一致させる。 例=FV（5%/12,24,-5000） 　　毎月5,000円を年利5％で2年間（24回）定期的に積立貯金した場合の受取金額を返す。
PMT	=PMT（利率,期間,現在価値, [将来価値],[支払期日]）	借り入れをした場合の定期的な返済金額を返す。利率と期間は、時間的な単位を一致させる。 例=PMT（9%/12,12,100000） 　　100,000円を年利9％の1年（12回）ローンで借り入れた場合の毎月の返済金額を返す。

●検索/行列関数

関数名	書式	説明
ADDRESS	=ADDRESS（行番号,列番号, [参照の種類],[参照形式], [シート名]）	行番号と列番号で指定したセル参照を文字列で返す。参照の種類を省略すると絶対参照の形式になる。参照形式でTRUEを指定または省略するとA1形式で、FALSEを指定するとR1C1形式でセル参照を返す。シート名を指定するとシート参照も返す。 参照の型 　　1または省略　：絶対参照 　　2　　　　　　　：行は絶対参照、列は相対参照 　　3　　　　　　　：行は相対参照、列は絶対参照 　　4　　　　　　　：相対参照 例=ADDRESS（1,5） 　　絶対参照で1行5列目のセル参照を返す。（結果は「$E$1」になる）
CHOOSE	=CHOOSE（インデックス,値1, [値2],…）	値のリストからインデックスに指定した番号に該当する値を返す。 例=CHOOSE（3,"日","月","火","水","木","金","土"） 　　「日」〜「土」のリストの3番目を返す。（結果は「火」になる）
COLUMN	=COLUMN（[参照]）	参照範囲の列番号を返す。 参照範囲を省略すると、関数が入力されているセルの列番号を返す。
COLUMNS	=COLUMNS（配列）	指定したセル範囲または配列に含まれる列数を返す。 例=COLUMNS（A1:C2） 　　セル範囲【A1:C2】に含まれる列数を返す。（結果は「3」になる）
ROW	=ROW（[参照]）	参照範囲の行番号を返す。 参照範囲を省略すると、関数が入力されているセルの行番号を返す。
ROWS	=ROWS（配列）	指定したセル範囲または配列に含まれる行数を返す。 例=ROWS（A1:C2） 　　セル範囲【A1:C2】に含まれる行数を返す。（結果は「2」になる）
HLOOKUP	=HLOOKUP（検索値,範囲, 行番号,[検索方法]）	範囲の先頭行を検索値で検索し、一致した列の範囲上端から指定した行番号目のデータを返す。検索方法でTRUEを指定または省略すると検索値が見つからない場合に、検索値未満で最も大きい値を一致する値とし、FALSEを指定すると完全に一致する値だけを検索する。検索方法がTRUEまたは省略の場合は、範囲の先頭行は昇順に並んでいる必要がある。 例=HLOOKUP（"名前",A3:G10,3,FALSE） 　　セル範囲【A3:G10】の先頭行から「名前」を検索し、一致した列の3番目の行の値を返す。

関数名	書式	説明
VLOOKUP	=VLOOKUP(検索値,範囲,列番号,[検索方法])	範囲の先頭列を検索値で検索し、一致した行の範囲の左端から指定した列番号目のデータを返す。検索方法でTRUEを指定または省略すると検索値が見つからない場合に、検索値未満で最も大きい値を一致する値とし、FALSEを指定すると完全に一致する値だけを検索する。検索方法がTRUEまたは省略の場合は、範囲の先頭列は昇順に並んでいる必要がある。 例=VLOOKUP("部署",A3:G10,5,FALSE) 　セル範囲【A3:G10】の先頭列から「部署」を検索し、一致した行の5番目の列の値を返す。
LOOKUP	=LOOKUP(検査値,検査範囲,[対応範囲])	検査範囲(1行または1列で構成されるセル範囲)から検査値を検索し、一致したセルの次の行または列の同じ位置にあるセルの値を返す。対応範囲を指定した場合、対応範囲の同じ位置にあるセルの値を返す。 例=LOOKUP("田中",A5:A20,B5:B20) 　セル範囲【A5:A20】で「田中」を検索し、同じ行にある列【B】の値を返す。(セル【A7】が「田中」だった場合、セル【B7】の値を返す)
HYPERLINK	=HYPERLINK(リンク先,[別名])	リンク先にジャンプするショートカットを作成する。別名を省略するとリンク先がセルに表示される。 例=HYPERLINK("https://www.fom.fujitsu.com/goods/","FOM出版テキストのご案内") 　セルには「FOM出版テキストのご案内」と表示され、クリックすると指定したURLのWebページが表示される。
INDIRECT	=INDIRECT(参照文字列,[参照形式])	参照文字列に入力されている参照セルの参照値を返す。参照形式でTRUEを指定または省略するとA1形式で、FALSEを指定するとR1C1形式でセル参照を返す。 例=INDIRECT(B5) 　セル【B5】の参照セルが「C10」、セル【C10】の値が「ABC」だった場合、セル【C10】の値「ABC」を返す。
INDEX	=INDEX(参照,行番号,[列番号],[領域番号])	指定した範囲の行と列の交点にあるデータを返す。 例=INDEX(A1:C3,2,2) 　セル範囲【A1:C3】の中で2行目と2列目が交差するセル【B2】の値を返す。
MATCH	=MATCH(検査値,検査範囲,[照合の種類])	検査範囲を検査値で検索し、一致するセルの相対位置を返す。照合の種類で1を指定または省略すると、検査値以下の最大の値を検索し、0を指定すると、検査値と一致する値だけを検索し、−1を指定すると検査値以上の最小の値が検索される。1の場合は昇順に、−1の場合は降順に並べ替えておく必要がある。 例=MATCH("みかん",C3:C10,0) 　セル範囲【C3:C10】で「みかん」を検索し、一致したセルが何番目かを返す。(一致するセルがセル【C5】なら結果は「3」になる)
OFFSET	=OFFSET(参照,行数,列数,[高さ],[幅])	参照で指定したセルから指定した行数と列数分を移動した位置にあるセルを参照する。高さと幅を指定すると、指定した高さ(行数)、幅(列数)のセル範囲を参照する。 例=OFFSET(A1,3,5) 　セル【A1】から3行5列移動したセル【F4】を参照する。

👉POINT　参照形式

セル参照をA1のようにA列の1行目と指定する方式を「A1形式」といい、行・列の両方に番号を指定する形式を「R1C1形式」といいます。R1C1形式では、Rに続けて行番号を、Cに続けて列番号を指定します。

●文字列操作関数

関数名	書式	説明
ASC	=ASC（文字列）	文字列の全角英数カナ文字を半角の文字に変換する。
JIS	=JIS（文字列）	文字列の半角英数カナ文字を全角の文字に変換する。
CHAR	=CHAR（数値）	文字コード番号に対応する文字を表示する。 文字コード番号の例 　10：改行 　33：! 　65：A
CONCAT	=CONCAT（テキスト1，・・・）	複数の文字列を結合して返す。 例＝CONCAT("〒",A3," ",B3,C3) 　セル【A3】：「105-0022」 　セル【B3】：「東京都港区」 　セル【C3】：「海岸X-XX-XX」 の場合、「〒105-0022 東京都港区海岸X-XX-XX」を返す。
CONCATENATE	=CONCATENATE（文字列1，[文字列2]，・・・）	複数の文字列を結合して返す。 例＝CONCATENATE("〒",A3," ",B3,C3) 　セル【A3】：「105-0022」 　セル【B3】：「東京都港区」 　セル【C3】：「海岸X-XX-XX」 の場合、「〒105-0022 東京都港区海岸X-XX-XX」を返す。
YEN	=YEN（数値，[桁数]）	数値を指定された桁数で四捨五入し、通貨書式¥を設定した文字列にする。桁数を省略すると、0を指定したものとして計算される。
DOLLAR	=DOLLAR（数値，[桁数]）	数値を指定された桁数で四捨五入し、通貨書式$を設定した文字列にする。桁数を省略すると、2を指定したものとして計算される。
EXACT	=EXACT（文字列1，文字列2）	2つの文字列を比較し、同じならTRUEを、異なればFALSEを返す。英語の大文字小文字は区別され、書式の違いは無視される。
FIND	=FIND（検索文字列，対象，[開始位置]）	対象から検索文字列を検索し、検索文字列が最初に現れる位置が先頭から何番目かを返す。英字の大文字小文字は区別される。検索文字列にワイルドカード文字を使えない。開始位置で、対象の何文字目以降から検索するかを指定でき、省略すると1文字目から検索される。
SEARCH	=SEARCH（検索文字列，対象，[開始位置]）	対象から検索文字列を検索し、検索文字列が最初に現れる位置が先頭から何番目かを返す。英字の大文字小文字は区別されない。検索文字列にワイルドカード文字を使える。開始位置で、対象の何文字目以降から検索するかを指定でき、省略すると1文字目から検索される。
LEN	=LEN（文字列）	文字列の文字数を返す。全角半角に関係なく1文字を1と数える。
LEFT	=LEFT（文字列，[文字数]）	文字列の先頭から指定された数の文字を返す。文字数を省略すると1文字を返す。
RIGHT	=RIGHT（文字列，[文字数]）	文字列の末尾から指定された数の文字を返す。文字数を省略すると1文字を返す。
MID	=MID（文字列，開始位置，文字数）	文字列の指定した開始位置から指定された数の文字を返す。開始位置には取り出す文字の位置を指定する。
LOWER	=LOWER（文字列）	文字列の中のすべての英字を小文字に変換する。
UPPER	=UPPER（文字列）	文字列の中のすべての英字を大文字に変換する。
PROPER	=PROPER（文字列）	文字列の英単語の先頭を大文字に、2文字目以降を小文字に変換する。
REPT	=REPT（文字列，繰り返し回数）	文字列を指定した回数繰り返して表示する。
REPLACE	=REPLACE（文字列，開始位置，文字数，置換文字列）	文字列の指定した開始位置から指定された数の文字を置換文字列に置き換える。
SUBSTITUTE	=SUBSTITUTE（文字列，検索文字列，置換文字列，[置換対象]）	文字列中の検索文字列を置換文字列に置き換える。置換対象で、文字列に含まれる検索文字列の何番目を置き換えるかを指定する。省略するとすべてを置き換える。

関数名	書式	説明
TEXT	=TEXT（値,表示形式）	数値に表示形式の書式を設定し、文字列として返す。 例=TEXT（B2,"¥#,##0"） 　セル【B2】の値を3桁区切りカンマと¥記号を含む文字列にする。
TEXTJOIN	=TEXTJOIN（区切り文字,空のセルは無視,テキスト1,…）	複数の文字列の間に、区切り文字を挿入しながら、結合して返す。
TRIM	=TRIM（文字列）	文字列に空白が連続して含まれている場合、単語間の空白はひとつずつ残して不要な空白を削除する。
VALUE	=VALUE（文字列）	数値や日付、時刻を表す文字列を数値に変換する。

👆 POINT　ワイルドカード文字

検索条件を指定する場合、ワイルドカード文字を使って条件を指定すると、部分的に等しい文字列を検索できます。フィルターの条件にも指定できます。

ワイルドカード文字	検索対象	例	
？（疑問符）	任意の1文字	み？ん	「みかん」「みりん」は検索されるが、「みんかん」は検索されない。
＊（アスタリスク）	任意の数の文字	東京都＊	「東京都」の後ろに何文字続いても検索される。
˜（チルダ）	ワイルドカード文字「？（疑問符）」「＊（アスタリスク）」「˜（チルダ）」	˜＊	「＊」が検索される。

●データベース関数

関数名	書式	説明
DAVERAGE	=DAVERAGE（データベース,フィールド,条件）	データベースを条件で検索し、条件に一致したレコードの指定したフィールドのセルの平均値を返す。フィールドには、列見出しまたは何番目の列かを指定する。
DCOUNT	=DCOUNT（データベース,フィールド,条件）	データベースを条件で検索し、条件に一致したレコードの指定したフィールドのセルのうち、数値が入力されているセルの個数を返す。フィールドには、列見出しまたは何番目の列かを指定する。
DCOUNTA	=DCOUNTA（データベース,フィールド,条件）	データベースを条件で検索し、条件に一致したレコードの指定したフィールドのセルのうち、空白でないセルの個数を返す。フィールドには、列見出しまたは何番目の列かを指定する。
DMAX	=DMAX（データベース,フィールド,条件）	データベースを条件で検索し、条件に一致したレコードの指定したフィールドのセルの最大値を返す。フィールドには、列見出しまたは何番目の列かを指定する。
DMIN	=DMIN（データベース,フィールド,条件）	データベースを条件で検索し、条件に一致したレコードの指定したフィールドのセルの最小値を返す。フィールドには、列見出しまたは何番目の列かを指定する。
DSUM	=DSUM（データベース,フィールド,条件）	データベースを条件で検索し、条件に一致したレコードの指定したフィールドのセルの合計値を返す。フィールドには、列見出しまたは何番目の列かを指定する。
DSTDEV	=DSTDEV（データベース,フィールド,条件）	データベースを検索条件で検索し、検索条件に一致したレコードの指定したフィールドのセルを標本とみなして母集団の標準偏差を返す。 フィールドには、列見出しまたは何番目の列かを指定する。
DSTDEVP	=DSTDEVP（データベース,フィールド,条件）	データベースを検索条件で検索し、検索条件に一致したレコードの指定したフィールドのセルを母集団全体とみなして母集団の標準偏差を返す。 フィールドには、列見出しまたは何番目の列かを指定する。

●論理関数

関数名	書式	説明
IF	=IF（論理式,［真の場合］,［偽の場合］）	論理式の値に応じて、真の場合・偽の場合の値を返す。 例=IF（A3=30,"人間ドック","健康診断"） 　セル【A3】が「30」と等しければ「人間ドック」、等しくなければ「健康診断」という結果になる。
IFS	=IFS（論理式1,真の場合1,［論理式2,真の場合2］,・・・,TRUE,当てはまらなかった場合）	複数の条件を順番に判断し、条件に応じて異なる結果を返す。
IFERROR	=IFERROR（値,エラーの場合の値）	値で指定した数式の結果がエラーの場合は、エラーの場合の値を返す。 例=IFERROR（10/0,"エラーです"） 　10÷0の結果はエラーになるため、「エラーです」という結果になる。
IFNA	=IFNA（値, NAの場合の値）	数式がエラー（#N/A）の場合は指定の値を返し、エラー（#N/A）でない場合は数式の結果を返す。
AND	=AND（論理式1,［論理式2］,・・・）	すべての論理式がTRUEの場合、TRUEを返す。
OR	=OR（論理式1,［論理式2］,・・・）	論理式にひとつでもTRUEがあれば、TRUEを返す。
NOT	=NOT（論理式）	論理式がTRUEの場合はFALSEを、FALSEの場合はTRUEを返す。
FALSE	=FALSE（）	FALSEを返す。
TRUE	=TRUE（）	TRUEを返す。
SWITCH	=SWITCH（検索値,値1,結果1,［値2,結果2］,・・・,既定の結果）	複数の値を検索し、一致した値に対応する結果を返す。

●情報関数

関数名	書式	説明
ISBLANK	=ISBLANK（テストの対象）	テストの対象（セル）が空白セルの場合、TRUEを返す。
ISERR	=ISERR（テストの対象）	テストの対象（セル）が#N/A以外のエラー値の場合、TRUEを返す。
ISERROR	=ISERROR（テストの対象）	テストの対象（セル）がエラー値の場合、TRUEを返す。
ISNA	=ISNA（テストの対象）	テストの対象（セル）が#N/Aのエラー値の場合、TRUEを返す。
ISTEXT	=ISTEXT（テストの対象）	テストの対象（セル）が文字列の場合、TRUEを返す。
ISNONTEXT	=ISNONTEXT（テストの対象）	テストの対象（セル）が文字列以外の場合、TRUEを返す。
ISNUMBER	=ISNUMBER（テストの対象）	テストの対象（セル）が数値の場合、TRUEを返す。
PHONETIC	=PHONETIC（参照）	参照範囲のふりがなの文字列を取り出して返す。
TYPE	=TYPE（値）	値のデータ型を返す。 データ型の例 　数値　　：1 　テキスト：2 　論理値　：4
ERROR.TYPE	=ERROR.TYPE（エラー値）	エラー値に対応するエラー値の種類を数値で返す。エラーがない場合は、#N/Aを返す。 エラー値の例 　#NULL!　：1 　#NAME?　：5 　#N/A　　：7

索 引

Index

索引

記号・数字

$	……………………………………	37
&	……………………………………	43
24時間を超える時刻の表示形式	………………	137

A

AGGREGATE関数	…………………………	87
AND関数	………………………………	125
ASC関数	………………………………	97
AVERAGE関数	………………………	161,196
AVERAGEIF関数	……………………	162
AVERAGEIFS関数	…………………	170

C

CEILINNG.MATH関数	…………………	137
CHOOSE関数	…………………………	182
CONCAT関数	…………………………	42
CONCATENATE関数	…………………	42
COUNT関数	……………………………	156
COUNTA関数	…………………………	157
COUNTBLANK関数	…………………	157
COUNTIF関数	…………………………	143
COUNTIFS関数	………………………	159

D

DATE関数	………………………………	121
DATEDIF関数	…………………………	151
DAYS関数	………………………………	155

F

FIND関数	………………………………	104
FLOOR.MATH関数	……………………	139

FREQUENCY関数	……………………	193
FV関数	…………………………………	201

H

HLOOKUP関数	………………………	41

I

IF関数	……………………	30,126,166,168
IFERROR関数	…………………………	132
IFNA関数	………………………………	39
IFS関数	…………………………………	126
IF関数のネスト	………………	126,166,168
INT関数	…………………………………	49

J

JIS関数	…………………………………	54

L

LEFT関数	………………………………	79
LEN関数	………………………………	103
LOOKUP関数	…………………………	41
LOWER関数	…………………………	98

M

MAX関数	………………………………	130,166
MAXIFS関数	…………………………	165
MAX関数とIF関数のネスト	……………	166
MID関数	………………………………	79
MIN関数	………………………………	134,168
MINIFS関数	…………………………	168
MIN関数とIF関数のネスト	……………	168
MOD関数	………………………………	190

N

NOT関数	128

O

OR関数	121

P

PHONETIC関数	128
PMT関数	198
POSシステム	57
PROPER関数	98

Q

QUOTIENT関数	190

R

RANK.AVG関数	76
RANK.EQ関数	75
REPLACE関数	95
RIGHT関数	79
ROUND関数	141
ROUNDDOWN関数	141
ROUNDUP関数	140

S

SEARCH関数	104
STDEV.P関数	196,197
STDEV.S関数	197
SUBSTITUTE関数	94
SUM関数	47
SUMIF関数	71
SUMIFS関数	85
SWITCH関数	183

T

TEXT関数	53,183
TEXTJOIN関数	96
TIME関数	131
TODAY関数	151
TRIM関数	101

U

UPPER関数	98

V

VLOOKUP関数	33

W

Web関数	12
WEEKDAY関数	181

あ

アクティブウィンドウの切り替え	25
アクティブセルの移動	147
値と書式の貼り付け	109
粗利率	60

う

ウィンドウ枠の固定	99

え

エラー値	39
エラーの対処方法	39
エラーの非表示	37,133
演算記号	32
演算子	32
エンジニアリング関数	11

索引

お

オートフィルオプション	32

か

外部データの取り込み（2016/2013）	66
外部データの取り込み（2019）	63
書き込みパスワード	112
仮払い	177
関数	7
関数の挿入	10
《関数の挿入》ダイアログボックス	10
関数の直接入力	9
関数の入力方法	9
関数のネスト	12
関数の引数に名前を使用	13
関数ライブラリ	11

き

企業の組織	174
キューブ関数	11
金種計算	190
金種表	189

く

空白の削除	101
区切り記号の置き換え	99
繰り返し	72

け

計算対象の範囲	74
検索/行列関数	11,221
検収書	16

こ

互換性関数	12
顧客住所録作成時の注意点	92
コピー（別ブックのシート）	25

さ

財務関数	11,221
財務関数の符号	199
参照形式	222

し

シートの保護	145
シートの保護の解除	147
時刻のシリアル値	129
時刻の表示形式	137
重要データの取り扱い	115
出張旅費伝票	173
条件付き書式	106,186
情報関数	11,225
シリアル値	129,152,217

す

数学/三角関数	11,218
数式のエラー	38
数式の確認	8
数式の表示	8
数式の編集	38
数値の表示形式	29

せ

請求書	15,16
請求書に記載する項目	17
請求書の役割	15
絶対参照	37

セル参照の種類	37
《セルの書式設定》ダイアログボックス	28
セルのロックの解除	145
全角文字列への変換	54,93,100
選択範囲から作成	72
《全般オプション》ダイアログボックス	114

そ

相対参照	37

ち

注文請書	16
注文書	16
重複データの削除	107
重複データの表示	106
重複の確認	108
《重複の削除》ダイアログボックス	108
賃金計算書	117

つ

積立金額の算出	199
積立表	200

て

データの更新	64,68
データの取り込み画面	65
データベース関数	12,224
テーブルへの変換	70
テキストデータとして取り込む	65
テキストファイル	58
テキストファイルウィザード	69
テンプレート	55
テンプレートとして保存	55

と

統計関数	11,219

な

名前	13
名前の削除	35
名前の定義	13,34,72,81
名前の編集	35
名前ボックス	34

の

納品書	16

は

配列数式	166
パスワードの解除	115
パスワードの設定	112
発注書	16
半角文字列への変換	97

ひ

引数の文字列	31
日付/時刻関数	11,217
日付の計算	151
日付の自動入力	122,123,124,179
日付の処理	152
日付の表示形式	29
表示形式（TEXT関数）	53
表示形式（ユーザー定義）	29
標準偏差	195
標本データ	197
開く（ファイル）	65,68
開く（複数のブック）	24
頻度分布	192

230

ふ

ファイルを開く	65,68
フィルハンドルのダブルクリック	74
複合参照	37
複数のブックを開く	24
複数ブックの選択	25
ブックのパスワードの解除	115
ブックのパスワードの設定	112
物品受領書	16
ふりがなの表示	128

へ

別ブックの参照	23
別ブックのシートのコピー	25
返済表	198
偏差値	195

ほ

母集団	197
保存（テンプレート）	55

み

見積依頼書	16
見積書	16

も

文字列演算子	43
文字列操作関数	11,223
文字列の置き換え	94
文字列の表示形式	29

ゆ

ユーザー定義の表示形式	27,29

よ

曜日の表示	182
読み取りパスワード	112

り

領収書	16
利率と期間	199
リンクの解除	65

れ

列の削除	111
連番の自動入力	31

ろ

ロックの解除（セル）	145
論理関数	11,225

わ

ワイルドカード文字	224

よくわかる
Microsoft® Excel® 2019/2016/2013
関数テクニック
（FPT1906）

2019年 7 月30日　初版発行
2021年 5 月 3 日　第 2 版発行

著作／制作：富士通エフ・オー・エム株式会社

発行者：山下　秀二

発行所：FOM出版（富士通エフ・オー・エム株式会社）
　　　　〒108-0075 東京都港区港南2-13-34 NSS-Ⅱビル
　　　　株式会社富士通ラーニングメディア内
　　　　https://www.fom.fujitsu.com/goods/

印刷／製本：株式会社サンヨー

表紙デザインシステム：株式会社アイロン・ママ

●本書は、構成・文章・プログラム・画像・データなどのすべてにおいて、著作権法上の保護を受けています。
　本書の一部あるいは全部について、いかなる方法においても複写・複製など、著作権法上で規定された権利を侵害
　する行為を行うことは禁じられています。
●本書に関するご質問は、ホームページまたはメールにてお寄せください。
＜ホームページ＞
　上記ホームページ内の「FOM出版」から「QAサポート」にアクセスし、「QAフォームのご案内」から所定のフォームを
　選択して、必要事項をご記入の上、送信してください。
＜メール＞
　FOM-shuppan-QA@cs.jp.fujitsu.com
　なお、次の点に関しては、あらかじめご了承ください。
　・ご質問の内容によっては、回答に日数を要する場合があります。
　・本書の範囲を超えるご質問にはお答えできません。　　・電話やFAXによるご質問には一切応じておりません。
●本製品に起因してご使用者に直接または間接的損害が生じても、富士通エフ・オー・エム株式会社はいかなる責任
　も負わないものとし、一切の賠償などは行わないものとします。
●本書に記載された内容などは、予告なく変更される場合があります。
●落丁・乱丁はお取り替えいたします。

©FUJITSU LEARNING MEDIA LIMITED 2021
Printed in Japan

FOM出版のシリーズラインアップ

定番の よくわかる シリーズ

「よくわかる」シリーズは、長年の研修事業で培ったスキルをベースに、ポイントを押さえたテキスト構成になっています。すぐに役立つ内容を、丁寧に、わかりやすく解説しているシリーズです。

資格試験の よくわかるマスター シリーズ

「よくわかるマスター」シリーズは、IT資格試験の合格を目的とした試験対策用教材です。

■MOS試験対策

■情報処理技術者試験対策

ITパスポート試験　基本情報技術者試験

FOM出版テキスト 最新情報 のご案内

FOM出版では、お客様の利用シーンに合わせて、最適なテキストをご提供するために、様々なシリーズをご用意しています。

FOM出版　

https://www.fom.fujitsu.com/goods/

FAQのご案内
［テキストに関するよくあるご質問］

FOM出版テキストのお客様Q&A窓口に皆様から多く寄せられたご質問に回答を付けて掲載しています。

FOM出版　FAQ　

https://www.fom.fujitsu.com/goods/faq/

滋賀県草津市野路東二丁目12番1号
株式会社 パナソニックマーケティングスクール